自転車メンテナンスのプロ直伝

サイクルメンテナンスシリーズ 1
ロードバイク
トラブルシューティング
飯倉清

　自転車と付き合っていればメカトラブルはいつもの事です。一般的にはトラブルは嫌な物ですがトラブルシューティングができるようになるとトラブルシューティング自体が楽しみになったりするのです。
　筆者などはそれが高じて商売にしたあげくに本まで出しているのですからトラブルとも付き合いようです。
　さて、自転車は他の工業製品と異なり各部の規格が数種類ずつしか無くメーカー、グレード、年式等が全く異なっても規格さえ合っていれば問題なく使えます。このような恵まれた状況を生かさない手はありません。
　また、自転車は自動車、オートバイと異なり工具も安く整備のためのスペースも1坪ほどですんでしまいます。
　あと必要なのは知識と情熱です。情熱は皆さんにお任せするとして知識に関してはこの本でできるだけの事をお伝えしていきます。

目次

ROAD BIKE Trouble Shooting

トラブルシューティング基本の基本
- 作業前の心構えと服装 — 6p
- 工具以外に用意する物 — 7p
- トラブルシューティング基本の基本 — 8p
- トラブルシューティングの手順 — 10p
- タイヤ空気圧 — 12p

マシンのチェックの仕方と運用法
- クイックレバーの使い方、運用の仕方 — 14p
- ハンドル周りの固定 — 18p
- シートピラーの固定 — 20p
- チェーンのチェック方法 — 22p

日常トラブル
- パンク修理
  - WO — 24p
  - チューブラー タイヤ交換 — 32p
- 変速不良
  - トランスミッショントラブル — 38p
  - ディレーラーチューニングの前に — 43p
  - リアディレーラーチューニング — 44p
  - フロントディレーラーチューニング — 52p
- ブレーキの効きが悪い — 58p
- コラム ブレーキに関するマメ知識 — 62p

ガタを取る
- アヘッドヘッドパーツ — 64p
- スレッドヘッドパーツ — 70p
- フロントハブ — 74p
- リアハブ — 76p
- 現行カンパ玉当たり調整 — 78p
- ブレーキキャリパー — 80p
- ボトムブラケット&クランク — 82p

異音が出たら
- 異音に対する対処法 — 86p
  - ホイール
  - トランスミッション
  - パーツ同士の接合部
- BB周辺部からの異音 — 88p

コラム 軽量化は是か否か — 90p

消耗品のチェックと交換
- タイヤチューブ交換 WO — 92p
- ブレーキインナーワイヤー交換 — 98p
- ブレーキアウターワイヤー交換 — 102p
- シフトワイヤー交換 — 110p
- **コラム** プーリーを変えてプチチューニング — 119p
- ブレーキシュー交換 — 120p
- バーテープ交換 — 124p
- チェーン交換 — 132p
- チェーンリング交換 — 140p
- スプロケット交換 — 146p
- プーリー交換 — 150p

ホイールトラブルの処方箋 — 154p
あとがき — 159p

本書の使い方　便利にお使いいただくために

　本書はロードバイクの基礎的なトラブルシューティングに関して詳しく解説するようにしています。各項目は関連しているページが多数あります。その都度ページを表記していますので参照してください。

　各項目ともキーワードや使用工具を冒頭にあげてありますがトラブルというのは千差万別ですので状況に合わせて臨機応変に対応してください。

　ご覧いただくとわかると思うのですがこの本の特徴は細かな解説を多くの写真と共にお送りしている事です。

　ハイアマチュアの方には不要な情報も含まれていますが初心者の方でも作業できるようにプロのテクニックを紹介するようにつとめています。

　合わせて上手く行かない時の必殺技やちょっとしたこつを記載する事で容易にハードルを越えられるようにしていますので存分に活用してください。

　また作業には怪我をする危険を伴いますので手袋やセイフティーゴーグルをつける等安全確保に努めてください。

トラブル早引き図

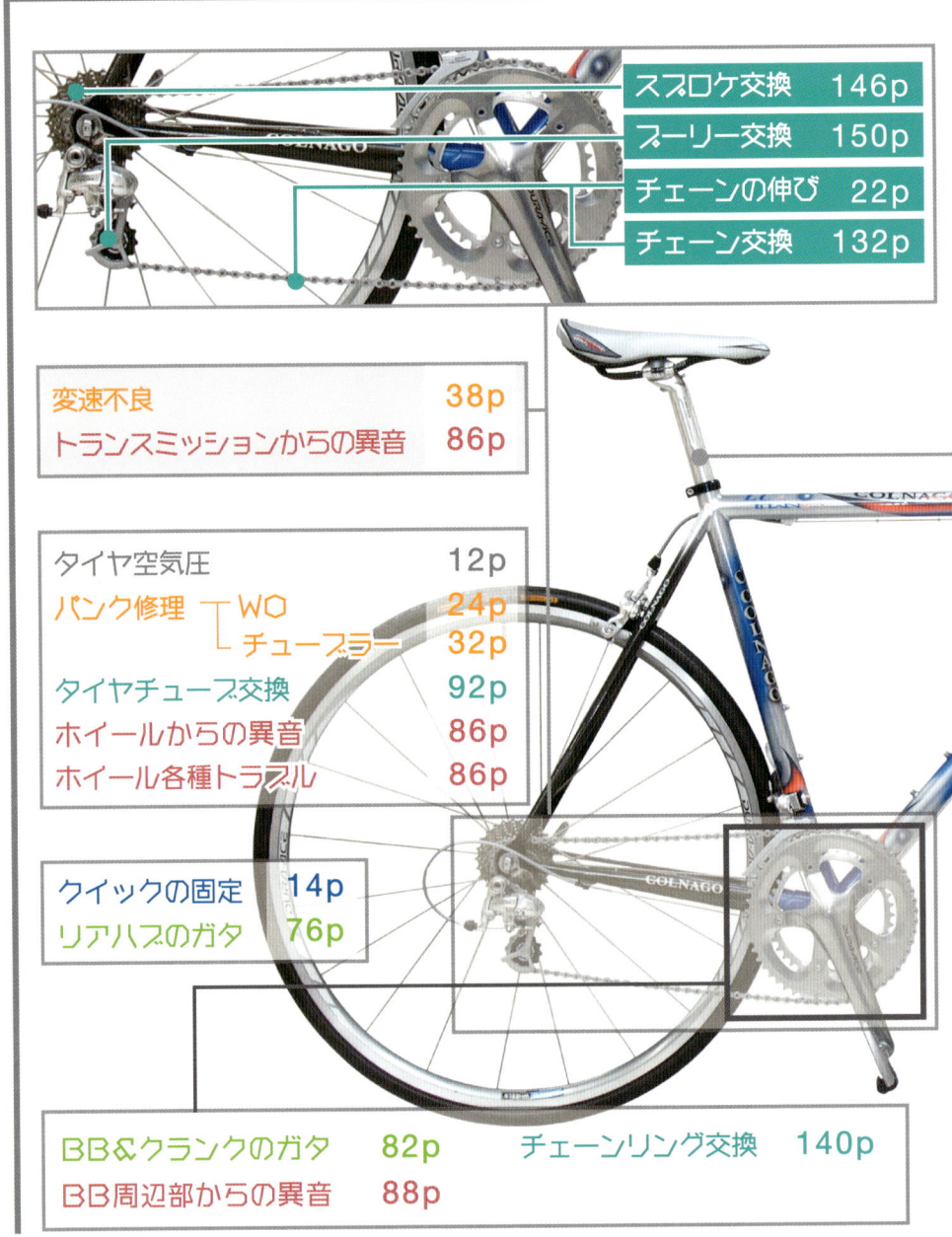

スプロケ交換　146p
プーリー交換　150p
チェーンの伸び　22p
チェーン交換　132p

変速不良　38p
トランスミッションからの異音　86p

タイヤ空気圧　12p
パンク修理　WO　24p
　　　　　　チューブラー　32p
タイヤチューブ交換　92p
ホイールからの異音　86p
ホイール各種トラブル　86p

クイックの固定　14p
リアハブのガタ　76p

BB&クランクのガタ　82p　　チェーンリング交換　140p
BB周辺部からの異音　88p

シートピラーの固定	20p

ハンドル周りの固定	18p
ブレーキワイヤー交換	98p
シフトワイヤー交換	110p
ヘッドパーツのガタ	64p
バーテープ交換	124p

ブレーキの効きが悪い	58p
ブレーキキャリパーのガタ	80p
ブレーキシュー交換	120p

クイックの固定	14p
フロントハブのガタ	74p

タイヤ空気圧		38p
パンク修理	WO	24p
	チューブラー	32p
タイヤチューブ交換		92p
ホイールからの異音		86p
ホイール各種トラブル		154p

各部品の名称と、トラブル早引き図

トラブルシューティング基本の基本

作業前の心構えと服装

　まず要すべきは十分な時間と心の余裕です。レースやツーリングの直前になってからあわてているようではろくな事にはなりません。あらかじめ予定をきちんと立てて少なくとも大きな行事の一週間前にはマシンを万全の状態にしておきましょう。

　また分解整備などを行ったマシンは信頼性の確保のためにもある程度走らないと確認ができません。完璧に整備できたと思ってもそのままにしないで本番前に走りましょう。

　作業時の服装については長ズボンを履いた方がいいです。ホイルをまたで挟んだり膝を臨時の作業台代わりにする場面があるからです。汚れても良い長ズボンで作業してください。

工具以外に用意しておきたい品

軍手

作業手袋としての軍手の効能は手を汚さず作業できるだけでなく怪我の予防にも役立つ事でしょう。

手を汚さず作業できると言うことは手元が油分で滑るのを予防したり作業中に何度も手を洗うひまを省いたりパーツや工具が汚れ無いようにすることにつながります。

軍手をすると細かな作業に支障があるという方もいますがそのような作業にはラジオペンチ等を活用すれば細かな作業も難なくこなせます。

また、自転車はチェーンリングなど鋭利な金属が露出しています。このような環境下でなれない作業をする時は手袋をすべきでしょう。

単純に怪我予防と言うことであれば専用の作業手袋の方が優秀です。しかしこれらの手袋は一組数千円しますのでコスト的に今一歩であるのと車やオートバイなどを対象に作られているのか自転車の整備に使うにはごつすぎるのが欠点です。細かな振動や感触も手に伝わりにくいのです。

軍手のもう一つの利点は痛んだらウエス代わりに使えるところでしょう。コットン100%で作られた軍手はウエスとしてもなかなか優秀です。これはナイロンと皮でできたメカニック専用グローブには真似のできない芸です。

新聞紙

どこで作業をするにしても床を汚してしまうのは良いことではありません。入手が簡単で油分を吸収してくれる新聞紙は作業時のシートとして優秀です。

時にウエスの代わりに使える場面もあります。是非用意してから作業を初めてください。

ウエス

作業の基本手順は掃除→分解→掃除→判断→交換→組立→片づけです。この手順の中で掃除は2回も出てくるパートなのです。

掃除の基本はウエスで汚れを拭き取ることですのでウエスは大変重要なアイテムです。

掃除以外には作業中のフレームやパーツに床や他のパーツが当たってしまう際の緩衝物として使ったり傷を付けたくないパーツにプラハンを当てる際のクッションにも使います。

汚れたらどんどん交換するつもりである程度多めに用意しておきましょう。

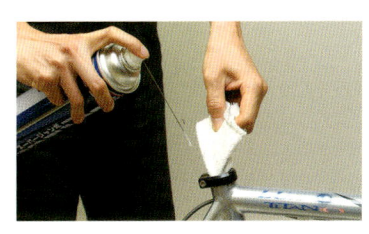

作業の基本手順

掃除 → 分解 → 掃除 → 判断

交換 → 組立 → 片づけ

トラブルシューティング基本の基本

基本の基本

どの状態が正常で何が異常かを
見分けられるようになろう！

　長年自転車を趣味として楽しんでいる人にも間違った判断をしていることもあるものです。まして初心者は何が正しく何が異常な状況なのかわからないまま自転車に乗っていることも珍しくないでしょう。自転車店の意見も参考にはなりますが絶対のものとして鵜呑みにするのも考え物です。ここは一つ自分自身で判断のできるようなサイクルストになろうではないですか!!

　まずは信用できそうな自転車店の意見は当然参考にします。しかし、ここで注意しなければいけないのはあなた自身とその自転車店の関係です。

　所有しているマシンは他店で購入していてなおかつ面識もない人物から不躾にだらだらと質問を浴びせかけられたのでは自転車店側もたまったもんではありません。そんなのは店側からすれば迷惑でしかないのです。

きちんとお店側の都合や
利益を尊重すべき。

　この点を消費者が軽視してきたために技術軽視、販売重視。実用的で適正価格なパーツ軽視、短寿命高額商品重視の自転車店が増えてしまったのではないでしょうか。

　自転車は物を買っただけでは完結しない商品なのです。ソフトにもお金を支払う習慣をぜひ身につけてください。

先輩自転車マニアの
意見も尊重しよう。

　ここで肝心なのは人を見る目です。その人物がある一定の方向に偏った意見を持っていて、その考えを押しつけてる様は自転車の世界ではありがちです。軽量おたくカンパかぶれはかわいい方で、明らかに間違ったことを当然のように話す人も珍しくありませ

ん。それでも長年自転車に乗ってきた人の意見は参考になるものです。参考にならないのは長年自転車&自転車パーツは集めてきたが近所しか乗らない人ではないでしょうか。痛い目にあって人は学ぶのです。近所を乗り回しているだけでは信憑性がいまいちです。それでもマシンは偏った意見を持ちませんのでマシンに聞くのは良い考えです。

　他人のマシンに触らせてもらう&乗らせてもらうのはきわめて有益な情報源です。ぜひ先輩たちと仲良くなってマシンに触らせてもらいましょう。このとき肝心なのはなるべく最新で高級なマシンに触らせてもらうことです。この方が丁寧にくまれて正常な状態である可能性が高いからです。

ネットの情報を活用しよう。

　ご存じの通り、これまた確実な情報が入るとは限らないソースなのですが前記2点では得られない事がポロリと出てくるのもまたこれなのです。

　自転車関連の個人サイトでも有益な情報が得られることもありますが、なんと言ってもメーカーのオフィシャルサイトの情報は要チェックです。しかしこの情報、信憑性は高いですが可もなく不可もない物が多いです。それでも各商品のデーターは重量データーを除いて正しい時が多いです。

本やDVDからの情報

　書籍、雑誌やDVDからの情報は一人でも比較的一定量の情報を得やすい事から手軽な情報源として活用できます。

　しかしこの自転車メンテ本なる物も出版業界では確実に一定数捌ける無難なジャンルなのか多数出版されています。どれが良いかはじっくり見ないとわからないので結局買ったしまったり・・・。こうやって業界は成り立っているんですね。

で、どうする？？？

　集められた情報を整理、分析して最終判断するのは自分です。結局自分自身がしっかりしなければ何も始まらないって事です。

　千里の道も一歩から、健闘を祈ります。

トラブルシューティングの手順

　トラブルが起こる前にそれを予想し、あらかじめ対処しておくのが最良のトラブルシューティングです。
　たとえばブレーキワイヤーが切れたら交換するのではなく、ブレーキワイヤーが切れる前に切れる原因を突き止めてそれを排除しておくのです。
　ブレーキワイヤーに抵抗があったり、ブレーキシューがずれて効きが悪くなったりして無理矢理強い力でレバーを握っていれば当然ブレーキワイヤーの寿命は短くなるわけでこの問題をあらかじめ解決しておけばブレーキワイヤーは早々切れなかったわけです。

　それだけではありません。あらかじめ対処しておけば普段から軽い引きでブレーキが利かすことができ、安全かつ快適にマシンを運行できたでしょう。
　しかし実際にこのような策を打つには自分のマシンを客観視できなければいけません。客観的に物事を見るとは言葉で言うのは簡単ですが実際は大変困難なことです。思いこみや人の意見、怠け心その他の感情や無知が客観的な判断を妨げます。

1. 現状認識する事から

　たとえばパンクした時にはどうすればいいでしょう。まずは原因を知らなければいけません。
　走行中に一気に空気が抜けたのなら画鋲でも踏んだかすぐに確認できますがその場で特定できない時はタイヤ内側やチューブを確認して再発防止をしなければいけません。
　さらに何らかの外的要因（画鋲が刺さったのは外的要因）以外にチューブの不良やブレーキシューの位置が悪くタイヤがすり切れてバーストする可能性も考えなければいけません。
　つまりパンク修理だけだと思ったらタイヤ、チューブ交換とブレーキシューのセッティングのし直しも必要な場合もあるということです。
　ほかには運用が悪くてトラブルを引き起こす場合もあります。ご存じの通りロードバイクは運用によってはあっさりパンクやホイールの破損につながるデリケートな面をもっています。
　また多段化によって精密なチューニングが必要になったディレーラーは右に立ちごけしただけで変速不良を引き起こすこともあります。

2. 清掃の重要性

　常識的には対象とする部品をばらしてから清掃が常識的ではないかと考えがちですがすべてがむき出しの自転車は運用していればどの部品もすべからず汚れています。そのような状態ではばらす前にまず清掃が正しい作業です。

3．分解＆清掃

分解して再度清掃します。もちろん破損してしまったパーツは廃棄＆部品交換ですがそれ以外はすべからず清掃をおこないます。

分解するときには各パーツの取り付けトルクも認識しておきましょう。もしかするとトラブルの原因が取り付けトルクの不足の場合もあります。清掃には汚れの排除の意味合いもありますがその部品のチェックにもなります。さらに付けているケミカル交換の意味合いもあります。ただ漫然と汚れを拭き取るのではなくパーツクリーナーやブラシなどを有効活用して効率的に作業を行いましょう。

4．判断

きちんとクリーニングされた各パーツによってトラブルの原因と再発防止の解析を行います。パーツに付いた傷やグリスなどの状況からトラブルがなぜ起きてどう防止すればよいのか考えます。

必要に応じてパーツ交換を行いますが細かなパーツ（ネジ一本とか）は入手困難な場合も多く、セカンドバイクを持ち合わせていない人にとってはパーツが入手できるまでマシンがドック入りするのは気が重いものです。あっさりとそのパーツを一式交換するのも一案です。

5．ケミカル処理＆組立

各種ケミカル処理を行って組み立てます。きちんと組み直されたパーツは新品の時より良い動きをする物もあります。またワイヤーの長さをベストセッティングにする事によって操作系のフリクションロスを最小限にすることもできます。

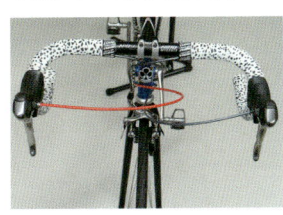 

6．動作確認

組み立てながら確認をしていきます。
全部が組み終わってからだと確認がしにくい物もありますので逐次確認作業をしていきます。

7．試走

組み終わったマシンを走らせてみましょう。作業台に載っていたときには気が付かなかった問題点が出てきたりします。

たとえばダンシング時にフレームがしなってチェーンとフロントディレーラーが干渉したり、ブレーキが音鳴りしたりなどは走らせてみないとなかなか分からない物です。

8．再点検

50kmでも100kmでも良いのですがしばらく走ったら再度点検をしてみましょう。不自然な挙動はしていないか、部品やボルト類は緩んでいないか。掃除をしながら各部を点検していくと良いでしょう。

タイヤ空気圧

タイヤの空気圧はもっとも頻繁に行われるメンテナンスと言っていいでしょう。マシンの性能を最大に引き出すには適切な空気圧管理が必要です。

空気圧管理のツールといえばフロアーポンプです。そこでポンプの選び方について少々。

まずは体格に合わせましょう。各メーカーからノーマルサイズとロングサイズが出ています。体格上無理がなければロングサイズのポンプをおすすめします。一回の空気の入る量が多く短時間で空気圧セッティングが完了します。また値段もまちまちですが高価な物ほど良いです。当たり前か!?ぜひ良い品を使ってみてください。

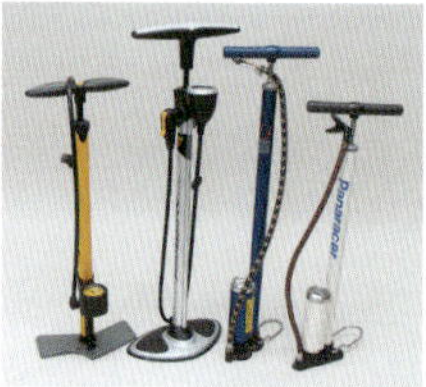

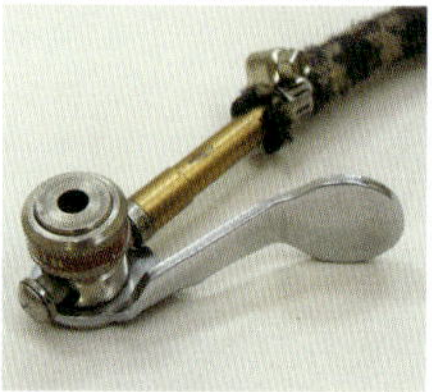

また、ロードのみを対象としているならばフレンチバルブ以外は使わないわけですのでフレンチ専用の口金の物が何かと良いでしょう。デフォルトの口金が痛んだらフレンチ専用の物に変えるのもおすすめです。

さて、最適な空気圧とはどのように求めればいいのでしょう?? 一般論としてはつぎのように言えます。

- 前後加重の関係からフロントはリアに比べてやや空気圧が低い。
- タイヤが細くなれば圧は上げる、太ければ下げる。
- 体重&荷物が重ければ上げる。
- 体重が軽い&空荷であれば下げる。
- 転がり抵抗軽減重視なら上げる。
- グリップ重視なら下げる速度重視なら上げる。
- 衝撃吸収重視なら下げる。
- 路面が平滑なら上げる。
- でこぼこが多いなら下げる。
- 手が痛いならフロントタイヤの圧を下げてる。
- フロントタイヤのグリップに不安感があるならフロントのみ圧を下げてみる。
- お尻が痛いようならリアのみ圧を下げてみる。
- タイヤがコーナーで滑るようなら圧を下げてみる。
- タイヤが跳ねるようなら圧を下げてみる。
- 集団走行の際に下りで全員ペダルを止めているのに自分だけ後ろに下がっていくようなら圧を上げる(空気圧のチェックより前後ハブ&ブレーキ等の接触をチェックすること)。
- 舗装路から荒れた道に入っていく際には圧を下げる(ロードタイヤでは調整範囲がきわめて狭いが)。
- 濡れた路面ではグリップ確保のためにやや下げる。
- ポタリング、LSDなど低速で走るときはやや下げた方がリラックスできる。

上記を理解した上で、とりあえずタイヤやリムの最大圧に設定して走ってみましょう。そのときの走った感じをよく覚えて圧を徐々に下げていき自分に合った圧を探していくのです。空気圧メーターは各社から販売されており、価格も手ごろで持ち歩ける物なので自分に合った圧が分かるまで持ち歩くのも一案です。また、空気圧はホイールの固さやフォーク、フレームの振動吸収にも影響をうけます。ホイールやフレーム等が固ければ空気圧を下げてタイヤで振動吸収をしてやらなければいけません。最近のトレンドであるカーボンフォークは前輪からのショック吸収に有効なだけでなく縦方向の剛性が高すぎる完組ホイールとのマッチングを考えれば理にかなったチョイスです。

逆にホイールが柔らかい場合に空気圧が低いと腰砕けなマシンになってしまいます。

何事もほどほどでないといけないのですがそのほどほどが分かるようになるには多少の試行錯誤が必要なのです。

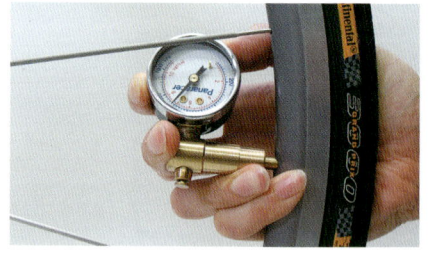

マシンのチェックの仕方と運用法

- クイックレバーの使い方、運用の仕方 — 14p
- ハンドル周りの固定 — 18p
- シートピラーの固定 — 20p
- チェーンのチェック方法 — 22p

マシンのチェックの仕方と運用法

クイックレバーの使い方、運用の仕方

Navigation

1 レバーの角度
6 締め方
12 チェックの仕方

作業時間
1 分

KEY WORD
●レバー角度にはきまり有り
●ホイールが正しく収まったか要確認

使用工具
・（タイヤレバー）
・（スプレー、グリス等のケミカル）

スポーツバイクでお約束なクイックレバーにも正しい使い方があります。正しい使い方をすれば確実にホイールを固定できるだけでなく脱着も容易です。しかし、間違った使い方をすればハブがずれてブレーキシューでタイヤサイドを傷つけてしまったりいざという時すんなりホイールが外れてくれなかったりします。一見適当でよさそうでも基本はきちんとおさえておきましょう。

レバー角度

フロント　**リア**

フロントクイックレバーの角度はこのように

シートチューブのボトルケージあたりにむかってと覚えると良いだろう。

レバー角度

フロント

✕

ガジャー

リア

✕

ガジャー

レース中にはこのように他車のホイルと接触する可能性がある。間違った角度ではレバーが外れて事故の可能性も。

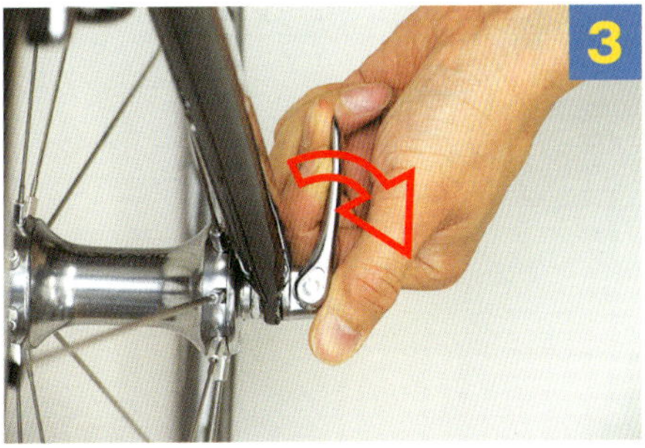

正しい角度で固定していれば、外す時もカンタン。

フレームにそわせてしまうと指が入らなくなってしまう。

そんな時はタイヤレバーでクイッとこじってやろう。

▶クイックレバーの使い方、運用の仕方

締め方

90度くらいひねったところで当たるようにすれば適当な締めつけができる。

最後まで押し切ること。

ナットを回して締めつけ具合を調整しよう。

指1本で締めているようでは確実にトルク不足。走行中にホイールがずれたりしてブレーキの片効きや変速不良をひきおこす。

よかったら手のひらをつかってグイっと締めつける。

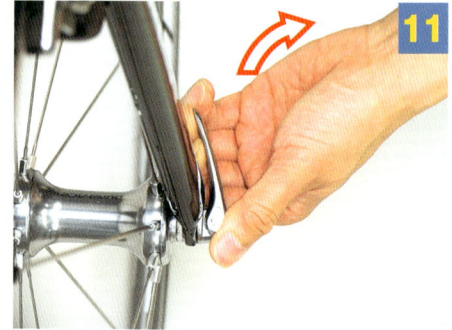

レバーを解除する時にも指を2〜3本かけてグイっと開けるようでないといけない。

チェックの仕方

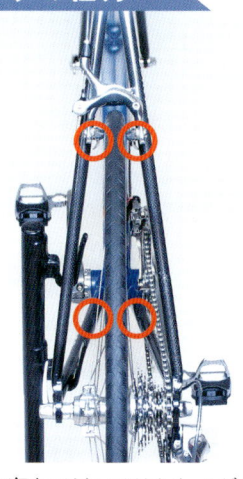

リアホイールで気をつけたいのはホイールが完全に入ったかどうか。ブレーキシュー付近チェーンステーのBB近くの左右のすき間が等間隔かチェックしよう。

こんなふうに指を入れてみるとわかりやすい。

OK 完了

エンドのおさまりぐあいも普段から覚えておくとGood。ちょっとずれただけでもタイヤバーストをひきおこしたり、変速不良になったりする。

コラム

クイックレバーの トラブルシューティング

雨天も走る場合や長年使ったクイックレバーはレバー内部のグリスが切れて動きが渋い場合がある。ベストなのはばらしてオーバーホールだが構造的にできない、もしくはやりにくい場合には潤滑剤を流し込んでも十分効果有りだ。汚れている場合にはまずパーツクリーナーで汚れを吹き飛ばそう。入り組んだ構造なので速乾性の方がモアベター、速乾性の物がない場合にはクリーナー液が乾燥するなどして無くなるようにしてやらないとあとで流し込む潤滑剤の効果が半減する。
潤滑剤を流し込むならトルクに強いねっとりタイプが良い。スプレーグリスもGOOD!無ければ手持ちの潤滑剤でも良いが耐久性は期待できないので注油の頻度を上げて対処しよう。

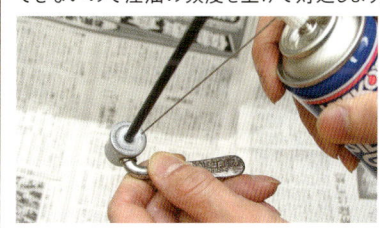

クイックレバーの使い方、運用の仕方

マシンのチェックの仕方と運用法

ハンドル周りの固定

Navigation

1 フォークコラムとステムの固定
3 ブレーキブラケットの固定
5 ステムとハンドルバーとの固定

作業時間 **5** 分

KEY WORD
● 大丈夫と思わず全項目を確認
● 複数のボルトで固定している場合は均等に締め付ける

使用工具
・HEXレンチ　・(ヘリサート)
・(シム)

フォークコラムとステムの固定。 [1]

2 NG 回る　　NEXT 3

フロントホイールをまたではさんでハンドルを切る方向に力を入れる。

ブレーキブラケットの固定 [3]

4 NG 動く　　NEXT 5

写真のように中心にむけて力を入れる。

[2]

NEXT 3

ステムクランプボルトを増し締めする。

[4]

NEXT 5

取付けナットを増し締めする(シマノの場合)。

ステムとハンドルバーとの固定

6 NG 動く / **OK 完了**

ブレーキブラケットに体重をかけてみよう。しっかり固定されていれば動かないはず。急ブレーキ時にハンドルがつんのめったのではシャレにならない。

7 NG 動く / **OK 完了**

ハンドルクランプボルトをしめる。各ボルトを均等にしめること。

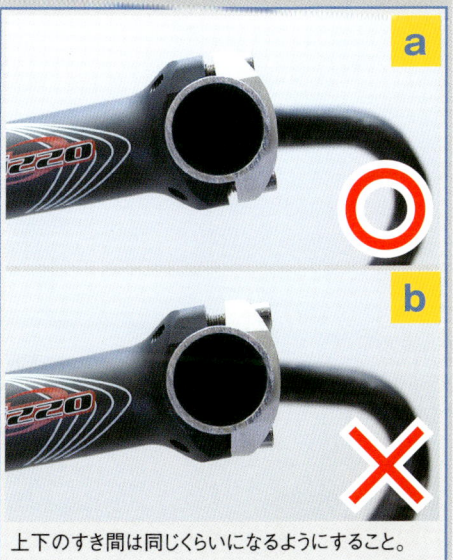

上下のすき間は同じくらいになるようにすること。

ボルト交換

9 NG / **OK 完了**

ボルトに異常あり

いったんボルトをすべてぬき、ボルトに曲がりやネジ山の異常がないか確認する。

ボルトに異常なし

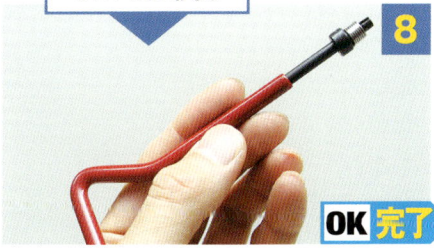

OK 完了

ステムの雌ネジがだめになっている場合もある。ヘリサートで修理可能だがヘリサート自体が高価なので高額なステムでなければステムごと交換した方が現実的。

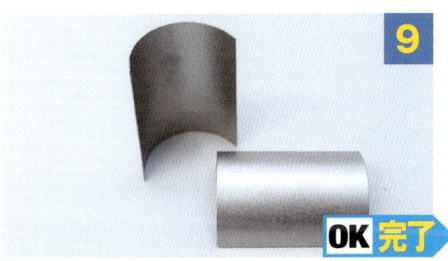

OK 完了

クランプ径の規格は間違えていないか確認する。上の写真はハンドルメーカーが販売しているシム。25.4mmのハンドルバーを26.0mmにすることができる。他の要因としてハンドルバーがカーボンだと割れていて締め付けができないことがある。

マシンのチェックの仕方と運用法

シートピラーの固定

Navigation

1. 固定のチェック
2. シートピラーの固定
3. シートピラーの材質の確認

作業時間 **5** 分

KEY WORD
● 締めてもダメならテクで勝負
● カーボン製は要注意

使用工具
・HEXレンチ　・パーツクリーナー
・ウエス　　・（滑り止め液）

チェックの仕方

1
2 NG / **OK 完了**
シートチューブをまたいでフレームをはさみ、サドルが回る方向に力を入れる。

2
3 NG / **OK 完了**
シートピンまたはシートクランプボルトを増締めする。

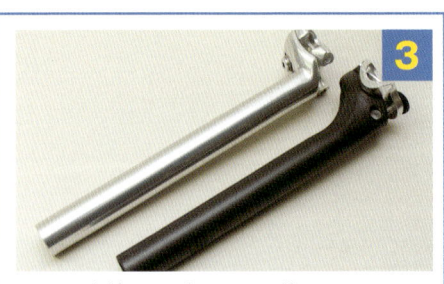

3
ピラーの素材はカーボンかそれ以外か？

| カーボンの場合 | ▶ | 4 |
| カーボン以外の場合 | ▶ | 5 |

4
5 NG / **OK 完了**
シートピラー及びシートチューブ内をクリーニング＆脱脂、その後再度取り付ける。

5
6 NG / **OK 完了**
ボルトを抜いて曲がりやスレッドの不良が無いかチェックする。必要に応じてボルトの交換をする。レアケースだがシートクランプがひずんでいる場合も固定力が低下する。必要な作業後再度組み付け＆確認をする。

必殺テクニックあれこれ

a

シートピラーは0.2mm刻みで規格が有る。何かの手違いで一つ細い規格のピラーが入っている可能性は無いだろうか？
ボルトを緩めてカタカタするようでは規格違いの可能性大。友人などが合いそうなピラーを付けいていたらピラーを借りて付け替えてみよう。

c

ケミカルが役に立つ場合もある。
特にカーボンパーツは樹脂が削れる可能性がある上に過剰なトルクをかけるわけにもいかないのでケミカルの使用は有効。
カーボンパーツ用として販売されている物も有るが各種滑り止めが販売されているので試してみていただきたい。ただし樹脂をいためるような成分が入っていないかどうかは確かめたいところ。

b

シートクランプを応力分散に優れた品に変えると改善する場合も有る。特にカーボンパーツを使用しているマシンには有効な手だ。写真はカンパの純正品、応力のかけ方はなかなか考えられている。
シートクランプは5mmか6mmのボルトを使用する物がほとんど。当然の事ながら固定する力は6mmのボルトを使っているタイプの方が強い。
ただしピラーがカーボンだと過剰なトルクは割れる可能性も増すので用心が必要だ。

d

シートチューブ側の精度が悪い場合には削って真円を出した上でピラー径にぴったり合わせるしかない。プロショップにリーマー処理を依頼しよう。シートチューブの精度を上げるとともに径を広げて1サイズ太い規格のピラーにフィットするように仕上げる。

マシンのチェックの仕方と運用法

チェーンのチェック方法

Navigation
1. 走行距離の把握
2. チェック方法

作業時間 **1**分

補足説明ページ
チェーン交換　　　　P132
チェーンリング交換　P140

KEY WORD
- 何となくは御法度
- 多段化でチェーンは短命に

使用工具
・チェーンチェッカー
・ペンチ

1

チェーンの寿命はその使用環境によって大きく変わる。泥まじりのコースを走れば1000kmともたない時もあれば、きちんとメンテされた晴天用マシンだと5000km走ってもまだ使える時もある。それでもチェーンはタイヤと同じくらい代表的な消耗部品なので交換時期をきちんと把握しておこう。

3

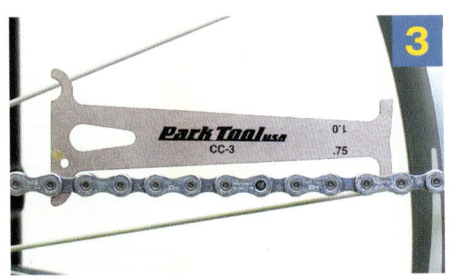

このようなチェーンのチェッカーも市販されている。高価な品ではないので購入してみるのもいいだろう。ただし買っただけではいけない。継続して使い続けよう。

2

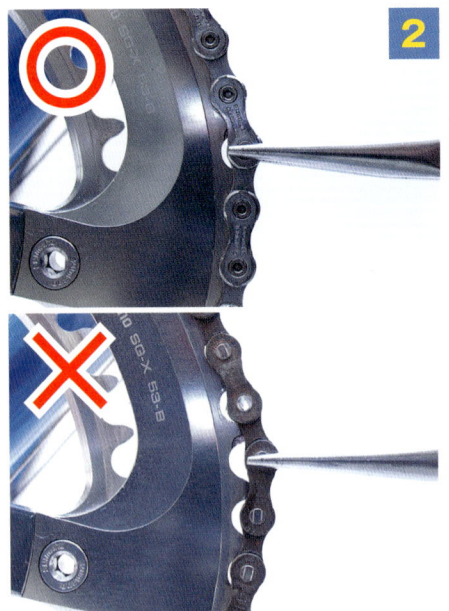

チェーンをアウターギアに入れてペンチなどでチェーンを引っぱってみる。上の写真くらいならOK!下のようにチェーンリングの歯が先端近くまで見えるようなら交換。

飯倉の辛口一言

リア10段が当たり前になってしまった今となってはリア8段のマシンは骨董品扱いになってしまうだろう。しかし筆者自身が使用しているマシンは一台をのぞきどれもリア8段である。

なぜこのような事になっているかと言えば8段以上の多段化によってチェーンの寿命は極端に短くなり、信頼性も落ちたと認識しているからだ。

一般ユーザーにしてみれば有名プロ選手も10段変速を使用しているのだから10段変速は正しい選択と思うかもしれない。

しかし、プロ選手は機材をスポンサーから提供されていてそれをチームのメカニシャンが組んだマシンに乗っているだけである。故障しても自分で直すわけでもない。もちろん修理代も負担しない。チェーンの交換回数が年に10回以上になっても全く問題ないのだ。そもそもプロ選手はスポンサーの意向は尊重しなければいけない立場だ。それと自分自身の欲しているスペックが果たしてマッチしているかどうかよく考えてから購入するのが堅い消費者では無いだろうか?

日常トラブル

- バンク修理
  - WO ── 24p
  - チューブラータイヤ交換 ── 32p
- 変速不良
  - トランスミッショントラブル ── 38p
  - ディレーラーチューニングの前に ── 43p
  - リアディレーラーチューニング ── 44p
  - フロントディレーラーチューニング ── 52p
- ブレーキの効きが悪い ── 58p

コラム ブレーキに関するマメ知識 ── 62p

日常トラブル

パンク修理 WO

Navigation
1. 要因の確認
4. チューブ以外の要因の確認
5. パッチをはる
17. 確認とリカバリー

作業時間 20分

補足説明ページ
チューブラタイヤ交換　P32
タイヤチューブ交換　P92

KEY WORD
- 接着のこつは下地作りできまる
- ゴムのりはよくのばして乾かす

使用工具
・タイヤレバー
・ポンプ
・軍手
・紙やすり
・ゴムのり
・水の入ったバケツ
・プラスチックハンマー
・パーツクリーナー

パンクはほとんど出先でおこります。そのためスポーツ車に乗る場合はスペアチューブ、タイヤレバー、携帯ポンプのパンク対策3種の神器を携行するのがお約束です。

ツーリング派なら出先でパンク修理をするのも当たり前でしょうがそれ以外の方は現地ではとりあえずチューブ交換して走行を続け、帰宅してから、もしくは宿についてからゆるりとパンク修理をするのが一般的です。出先でパンク修理する場合には手が洗えない、風などでホコリが舞う、清潔な作業スペースが確保できない落ち着かないなど不利な条件ばかりですのでできるだけ避けたいところです。

● タイヤチューブをホイルからはずす　P92

● チューブに空気を入れる

チューブがふくらんだ　▶ 1
チューブがふくらまない　▶ 2

要因の確認

1 耳を近づけ穴のあいたヶ所を探す

a 水につけて気泡が出るところをさがす。穴の位置、個数をよく確認したらウエスでチューブの水を拭き取る。

NEXT 3

●これでもパンク部分が見つからない

○タイヤ、チューブともホイルに戻し、タイヤまたはリムの最高空気圧になるまで圧を上げて一晩様子を見る。これで抜けてなければ、なにかの勘違いだった可能性大。信頼性を重視した場合はチューブ交換。

○抜けた場合は穴が極めて小さかったか、圧が高い時のみバルブからもれている可能性大。ホイルごと水につける。面倒ならばっさりチューブを交換してしまう。

a ●指でポンプの口をふさいでポンピング

b ●圧力がかからない

- ●ポンプの故障
  - ・ポンプとホース取付不良
  - ・口金パッキン不良
- ●ポンプの使い方が間違えている
  - ・取扱説明書を良く読み直す
- ●ポンプを別の物と取り変えてみる
  - ・ピストンパッキン不良
  - ・ピストングリス切れ

c ●ふさいだ指に圧がかかる

チューブをバルブから半分の位置で折り畳んで空気を入れる。バルブよりならチューブはふくらみその反対ならふくらまない。この繰り返しで穴を見つける。

穴を指先でふさいで他にも穴が空いてないかチェックする。この作業までにだいぶ空気が抜けているはずなので必要に応じて空気をたすこと。

●穴の種類

a 一般的なピンホール。反対側に突き抜けている場合があるのでよく確認のこと。

b ガラス片で裂かれたりいたずらでカッターで裂かれる場合。タイヤ側も切られているはずなので要確認。

c リム打ちパンク(スネークバイト)。タイヤ空気圧が低すぎたり、段差に乗上げたりするとできる。リム側もいたんだ可能性があるのでリムもチェックしたい。

▶パンク修理　WO

チューブ以外の要因の確認

チューブの穴の位置からパンクの原因を推測する。チューブの外側に穴が空いていればタイヤをチェック。内側の場合はリム、リムフラップがトラブルの元だった事になる。

4

チューブの外側

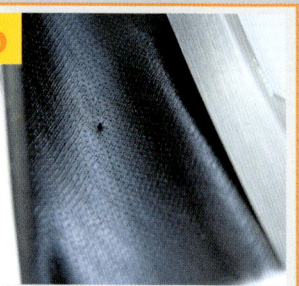

タイヤ内側をチェック。手の保護のために軍手をはめた方がよい。

チューブの内側

大半はリムフラップのずれ、リムフラップの硬さ不足が原因。まれにリム接合部（バルブ口と正反対の位置）にバリがあってパンクする時がある。リムフラップをチェックするとともにリム内側に異物がないか確認。

チューブの横側

横からいたずらで刺されるケースが多い。他には稀だがカーカスの一部が飛び出ていて穴があく時がある。リムタイヤとも要チェック。

パッチをはる

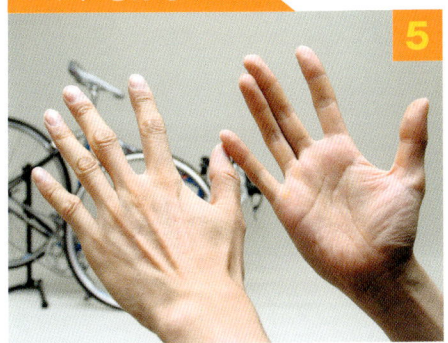

パンク修理に油分は御法度。チューブはもちろん手も清潔であることが肝心だ。

清潔でケバ立たないウエスでサッとふいておけば完璧な接着面の出来上がりだ。清潔なウエスがなければティッシュでも可。パーツクリーナーが乾く前に手早く行なう事。乾いてしまったらもう触らない。

先ずは穴周辺をヤスリで一皮剥いてやる。余裕を持ってパッチの2倍くらいの大きさは確保してほしい。

ゴムのりは僅かでよい。写真のではやや多いくらいだ。

速乾性のパーツクリーナーを使用して脱脂する。作業を確実にするためにもぜひ行なってほしい。

穴を中心に均一にのばす。
はじめはスイスイと指が動くはずだ。

▶パンク修理　WO

のびきった所で指先が重くなる。この重くなる所までのばしきる事が肝心である。

穴の位置を確認してゴムのりが塗られた面が確実にパッチより広い事もチェックする。万一パッチより狭いようならゴムのりを追加して面を広げる事。

適当な台が無い場合には膝を台の代わりにするといいだろう。

ドライバーのグリップやプラスチックハンマーで圧力をかける。

10分ほど乾かしたらパッチをはる。先ずは裏の銀紙を剥がす。この時決してパッチの接着面にはさわらないこと。

適当な工具が無い時は、指でグッと圧をかけたりタイヤレバーでしごいてやってもよい。作業が適切に行われていれば圧をかけた直後から強度が出ている。これ以上乾かしたりする必要性は無い。

確認とリカバリー

グイっと引っ張ってみてチューブと一緒にパッチものびるようなら合格。

失敗していると、このようにはがれる。

タイヤチューブをホイールにとりつける。P92参照
圧を上げたらパンク修理した所に耳を近付けてみよう。音がまったくしなければ修理完了。

もっと完璧にチェックしたいのであれば空気を入れて水につけてみよう。

▶ パンク修理　WO

パッチが上手くつかなかった理由。

○接着面にゴミ、水分、油分等がのこっていた。　→完全に清掃、脱脂する。

○ゴムのりののばしかたが足りない。　→指が重くなるまでのばす。

○ゴムのりの乾かし方がたりない。　→きちんと時間をおいてからはる。

リカバリー

パッチを剥がして再度ヤスリからやりなおす。もしパッチが途中までしか剥がれなかったら、そのチューブは諦めて交換しよう。

なれてくるとこのようにパッチが重なるような状況でも対処できるようになる。

一部の特殊なチューブではグルーレスタイプでないとパンク修理できない物がある。取説やメーカーのwebサイトで確認されたい。

パンク修理後の諸注意

○修理が完璧にできたと思っても油断しない事。もちろん走っても問題ないが24時間くらいは警戒が必要と考えよう。

グループでツーリングしている時は翌日早めに起きてスローパンクしていないか確認するくらいの用心深さを持ってほしい。

コラム　パンクに関する小話

　元々ツーリング派だった筆者はツーリング途中のパンク修理回数も半端ではない。

　と、言うのは嘘で走行距離の割にはパンク回数は少ない。ロードレーサーで行った東京－九州2週間ロングツーリングも北海道ほぼ一周ツーリング中もまったくパンクしていない。

　走行距離はどちらも一回2千キロぐらい、ロードレーサーに無理矢理シュラフやコッヘル、着替えにカメラetc…を積み込んでの強行軍であったにも関わらずだ。

　ツールド台湾参戦中も周りが次々パンクしていくなか8ステージ中に1度のパンクですんでいる。

　パンクしなかった要因としては運が良かったのももちろんだが空気圧の管理や日々の点検（タイヤに異物が付いていないかとか）が効いているのだと思う。

　ロードのタイヤはデリケートなので路面の段差などにも気をつけいていないと新品でもあっさりパンクしてしまう。それでも付き合い方さえ適当であればすり切れるまでほぼノートラブルで運用できるはずだ。

　たとえばレース中には前の選手が不自然にラインをずらしたら路面に何か有るなと警戒するなど対処法はさまざま。

　自分はパンク回数が多いなあと思う人はタイヤやチューブの対パンク性能だけでなく運用で改善できる事が無いか今一度考えてみてはいかがだろう。

日常トラブル

チューブラータイヤ交換

Navigation

- **1** はずす
- **9** クリーニング
- **12** リムセメントを塗る
- **19** はめる
- **27** センター出し

作業時間 **40**分
(乾燥にかかる時間を含む)

補足説明ページ
- タイヤの空気圧　　P 12
- クイックの固定　　P 14
- パンク修理　　　　P 24

KEY WORD
- ●作業環境を整える。(安定した台、換気)
- ●チューブラーは習うより慣れろ！

使用工具
- ・マイナスドライバー
- ・カッター
- ・リムセメントクリーナー
- ・振れ取り台
- ・ポンプ
- ・リムセメント

はずす

1 空気を抜く。もちろんパンクしているなら不要な作業。ホイール、タイヤともきれいな状態か確認。必要に応じてあらかじめクリーニングしておくこと。

2 バルブの反対側から剥がしていく。きちんと貼っているものなら容易には剥がれないはず。親指でグイッと力を入れて。

3 指ではがれない時、ニップル近くはリムセメントがのっていないので剥がしやすい。マイナスドライバーを突っ込んで剥がしていく。リムを傷つけないよう注意。

4 ドライバーを突き通したら、こじりながら位置を変えていく。手で剥がせるようなら、なるべく手で剥がしたいところ。

5 後半は腕力でベリベリ剥がしてOK！
タイヤを廃棄するならハサミでタイヤを切ってしまうのも手だ。

6 タイヤを再利用するならば、バルブ付近は慎重に作業すること。バルブを曲げてしまっては、再利用できなくなってしまう。

作業準備

クリーニングにかかる前に作業環境を整えよう。振れ取り台があればベスト。軽い振れ取り台を使う時は、重しをするなどして台を安定させよう。

振れ取り台がなければマシンをさかさまにして作業台としよう。マシンにリムセメントが付かないように。

リムのクリーニング

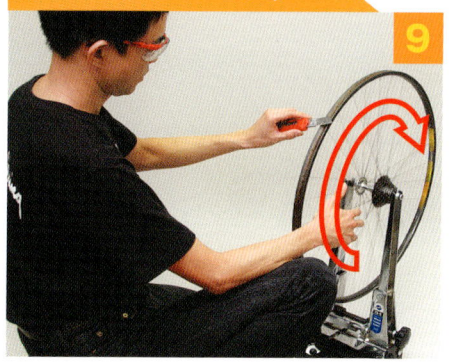

ホイールを回転させながら、カッターの刃を軽く当ててリムセメントのバリになっている部分をできるだけ取る。

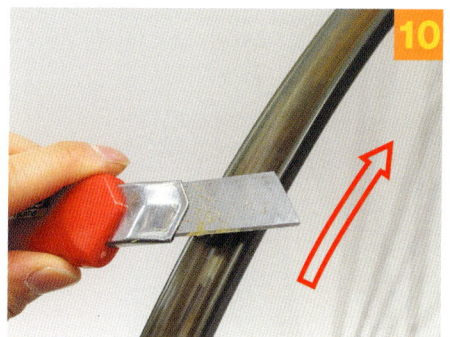

すべてを取れるわけではないのでほどほどに。また、カスなどが顔に飛んでくる時もあるので、セイフティクラスを着けた方がよい。

リムセメントクリーナーをウエスにしみ込ませてセメントかすや油分を除去しておこう。リムセメントクリーナーと名前がついていても古いリムセメントがクリーニングできるわけではない。

▶ チューブラタイヤ交換

リムセメントをぬる

セメントを塗る時は、セメントを持つ手でリムを保持＆送りを行う。室内での作業の場合、換気にも気を配りたい。

はみ出してしまったセメントは、リムセメントクリーナーをしみ込ませたウエスで素早く拭き取る。後になってからでは拭き取りが大変だ。

リムセメントは、リムと一直線上に保持すると、糸を引いてもノープロブレム。

塗る厚みはパンク修理の場合とは異なり、厚めに塗ること。うっすらと塗っていたのでは接着力が足りない。このまま20分ほど置いておく。

コラム　チューブラタイヤもパンク修理は可能だ。

筆者も昔（1980年代）には雨の週末には保管しておいたチューブラーのパンク修理をしたものだ。当時は為替の関係もあってチューブラータイヤが高価（3千円くらいから1万円オーバーまで）だったのと筆者の貧乏性がマッチングしたからやっていたのだ。

現在では少なくとも練習用の安いタイヤはパンクしたら捨てるのが当たり前になってしまったが、チューブラータイヤのパンク修理も機会を探してご紹介したいと思っている。

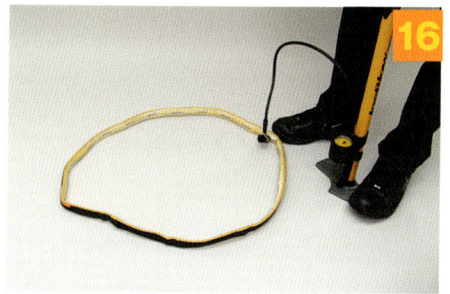

次はタイヤ側の準備をする。まずはタイヤ単体で空気を入れる。

少し圧が上がるとこのように接着面が横を向く。

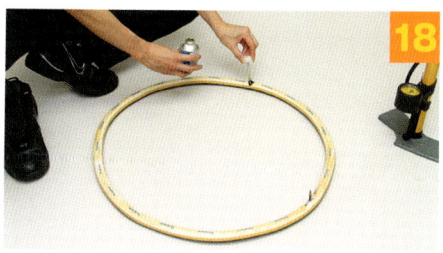

この状態でタイヤ側にもリムセメントを塗っておこう。リム側とは異なり、薄く塗ればOKだ！このまま10分乾かそう。

はめる

タイヤ、リムとも指で触ってもベタ付かなくなったらいよいよ装着。まずは空気を抜いてバルブ位置からスタート。

左右に均等に力を入れながら貼付けていく。この時点からおもいっきり力を入れていかないと最後が収まらない。

この辺までくると、気が抜けてしまうのか力をゆるめてしまう人が多い。矢印方向に力を入れ続けよう。

気を抜くとこの通り。これでは入りきらないのでいったん剥がしてやり直し。

▶チューブラタイヤ交換

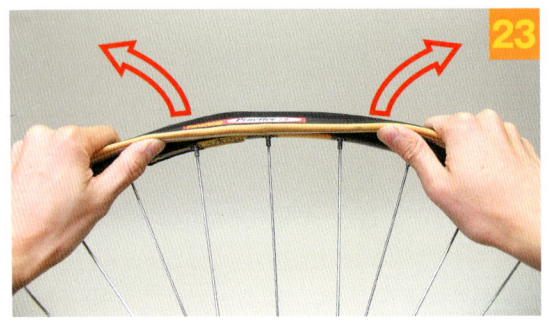

これでOK!最後は親指で押しきろう。

センター出し

左右のフラップの出方が均等になるように調整をする。このようにつまんで手前に寄せるようにしてずらす。

フラップ

すべての場所で左右均等になるように行うこと。初めは苦労しても、慣れれば簡単にできるようになる。

軽く空気を入れてみよう。タイヤが丸くなったところでやめておくこと。

チェック方法 その1

27

ホイールを写真のようにパッパッとひっくり返しながら左右とも均等になっているかを確認する。

チェック方法 その2

28

ホイールを手で回してセンターが出ているか確認。ずれているようなら修正。空気圧がまだ低いからこのまま手でずらせるはず。ずらせないようなら空気圧を下げよう。

OK 完了

適正圧にまで上げたら作業完了。安いチューブラータイヤだと、空気圧を上げるとゆがむものもあるが、一度修正してみてだめならあきらめよう。高級タイヤだとこのようなことはない。チューブラータイヤはその構造からどうしても経年変化の影響を受けやすい。室内保管はもちろんのこと、何ヶ月も放置してしまったものは貼り直すつもりで運用しよう。

コラム チューブラータイヤ用接着テープ

リムセメント以外に接着テープを使用してチューブラータイヤを装着する方法もあります。基本的にリムが未使用の状態から使用しますがリムセメントで運用していたリムに使っても問題ないようです。

使用にあたってこれと言って注意点はありません。接着テープを使う上で常識的な作業をすれば良いのです。取り説にはタイヤを交換する時はこの接着テープも交換するように指示されていますが巧く作業すれば1回くらいは再使用ができそうです。

いずれにしても接着をするわけなのでWOの様にはすっきりいきませんがリムセメントよりは多少洗練されています。

ラニングコストもリムセメントから比べると高額になりますのでコストを抑えたいならリムセメントの方が良いでしょう。

また、接着テープもリムセメントほどでは有りませんが臭います。

トランスミッショントラブル

トラブルシューティング　フローチャート1

ペダルを正回転に回す → 回る場合 → **チェーンの挙動が一定か** ▶

回らない

リアホイールを回す

回らない

○リアブレーキシューがリムに当たっている。

○ハブシャフトがずれてタイヤがチェーンステーに当たっている。
P14へ。
○作業スタンドがタイヤ又はホイールに干渉している。

回る

○クランクが作業台等と干渉している。
○チェーンがトップギアとリアエンド間にはさまっている。
○チェーンがプーリーから落ちている。
○Fディレーラーでチェーンをはさみこんでる。

一定ではない

○接合した部分が回らない。
P139へ。
○接合の失敗によりピンがういている。
P137へ。
○アンプルピンの規格を間違えた。
P139へ。

```
                                        無 → P41 Ⓑへ
                                         ↑
┌─────────────┐      ┌──────────────────┐
│ 異音の有無   │ 無 → │ 特定のシフト動作の時に │
└─────────────┘      │ だけ異音がするか      │
      ↓ 有            └──────────────────┘
┌──────────────────┐
│ ペダルを逆回転に回した際の │ 無 → ┌──────────┐
│ 異音の有無          │      │ ホイールの振れ │
└──────────────────┘      └──────────┘
      ↓ 有                    ↓         ↓
┌──────────────┐            有         無
│ 異音が発生している │
│ 箇所をさがす    │
└──────────────┘
```

Ⓐ

リアディレーラー

- 目視で異常な所をさがす。
- シフトワイヤーを軽く引っ張って音の変化で状況を判断する。
- チェーンの通し方を間違えて左プレートにチェーンが擦れている。**P151 No.7へ。**
- テンションプーリー（下のプーリー）の取付け向きを間違えている。**P152 No.9へ。**

フロントディレーラー

- 目視で異常な所をさがす。
- ディレーラーの取り付け位置を再確認。**P53 No.5へ。**
- シフトワイヤーを軽く引っ張って音の変化で状況を判断する。
- チェーンガイドプレートの曲がり。
- クランク位置によって音が出る場合。**P88へ。**

【有】
- ホイールの振れをとる。
- とりあえずシフトチューニングを進める場合にはブレーキキャリパーのクイックレリーズを開く。

【無】
- リアホイールに干渉しているものがある。
  - 作業台
  - リフレクター
  - サイクルコンピューターのマグネット
  - Rブレーキシュー。**P58、P120へ。**
- ハブシャフトがずれてタイヤがチェーンステーに当たっている。**P14へ。**

日常トラブル

トランスミッショントラブル

トラブルシューティング　フローチャート1

▶▶ | リアディレーラー　異音の出るタイミング | ▶

チェーンがトップギアにきている時
○トップ調整ボルトの調整不足。
　P45へ。
○ディレーラーハンガーの曲がり、精度不足。
　プロショップへ修整を依頼。
○トップギアに規格の異なる物を使用した。
　P146へ。
○スプロケットを組み付ける時に
　異物がはさまった。
　P146へ。
○フレームが古い品で最近の
　多段ギアに対応できていない。

○チェーンが長すぎる。
　P134へ。
○ロックリングの取り付けトルク不足。
　P146へ。
○スペーサーの入れる順番を間違えている。
　P146へ。

チェーンがローギアにきている時
○ロー調整ボルトの調整不足。
　P47へ。
・ディレーラーハンガーの曲がり、精度不足。
　プロショップへ修整を依頼。
・ディレーラーの曲がり、精度不足。
　プロショップへ修整を依頼。
・Bテンションボルトがゆるみすぎている。
　P50へ。
・Bテンションが機能していない。
　P51へ。
・キャパシティをこえた組合わせをしている。
　P51へ。

トップからローに行く時
○シフトワイヤーの張りが不足している。
　P49へ。
ローからトップへ行く時
○シフトワイヤーの張りが強すぎる。
　P49へ。

P39 Ⓐ も参照

リアディレーラーに問題あり
シフトチェンジしない又はしにくい。
○クイックシャフトのしめつけがあまく、リアハブがずれた。
　P14へ。
○リアハブにガタがある。
　P76へ。
○調整のツメがあまい。
　P44へ。
○プーリーの取付けが間違っている。
　P150へ。
○ディレーラーの取付けトルクが不足している。

しばらく走ったら不良になった。
○シフトワイヤーの初期のびがとれていなかった。

○ディレーラーの取付けトルクが不足している。

○シフトワイヤーの取付けボルトのトルク不足でシフトワイヤーがずれた。

▶ | **フロントディレーラー** 異音の出る タイミング | ▶ | **異常なし Ⓑへ**

アウターギアにある時
○トップ調整ボルトの調整不足。
　P53へ。
○シフトワイヤーが緩い。
　P54へ。

インナーギアにある時
○ロー調整ボルトの調整不足。
　P53へ。
○シフトワイヤーの張りすぎ。
　P52へ。

インナーから アウターに行く時
○ロー調整ボルトの調整不足。
　P52へ。
○シフトワイヤーの張りすぎ。
　P52へ。

P39 Ⓐ も参照

フロントディレーラーに問題あり
シフトチェンジしない又はしにくい。
○BB又はクランクの取り付け不良。
　P82へ。
○シフトチェンジする時に
　ペダルに力を入れすぎている。
○チェーンリングの取付けが
　間違っている。
　P140へ。
○フレームのBB付近にクラックが入ってフレームがよじれている。
○調整のツメがあまい。
　P52へ。
○チェーンガイド固定ボルトがついていない。

しばらく走ったら不良になった。
○シフトワイヤーの初期のびがとれていなかった。

○ディレーラーの取付けトルク不足でずれた。
　P53へ。

○シフトワイヤーの取付けボルトのトルク不足で
　シフトワイヤーがずれた。

▶ **Ⓑ シフト動作の時に異音がない場合**

　作業台から下ろし、実際に走ってチェックする。上り坂でダンシングもしてみること。
　ダンシングをした時だけチェーンリングとフロントディレーラーが干渉する時には干渉する側の調整ボルトを若干緩めること（**P52参照**）。
　他に作業台上では問題なかったのに実際に走ると問題を起こす事例としてはリアハブのクイックシャフトが緩んでいて走行中にホイルがずれたり（**P14参照**)スポークテンションが緩くてペダリングの度にホイルが歪んでいる場合が考えられる（**P157参照**）。

異常なし OK 完了

日常トラブル

トランスミッショントラブル
トラブルシューティング　フローチャート2

▶ シフトレバーの動き → 軽い → すべてのギアをすべてのパターンでシフトしてみて挙動を確認する。 → OK 完了

↓ 重い

フロント/リア両方とも重い
○ワイヤーに抵抗がある。
　P110へ。
○アウターワイヤー中の潤滑剤が切れている。
　P115へ。
○ケーブルガイドの潤滑剤が切れている。
　P115へ。
○アウターワイヤーが長すぎ（短すぎ）る。
　P113へ。
○パンタグラフの潤滑剤が切れている。

○パーツのグレードを下げると以前のものより動作が重くなるのでそう感じた。

リアのみ重い。
○シフトワイヤーの固定位置を間違えている。
　P117へ。
○シフトレバーが壊れている。
　シフトレバー交換。
○ロー付近で重い場合はBテンションボルトを締めつけてみる。
　P50へ。

フロントのみ重い。
○シフトワイヤーの固定位置を間違っている。
　P55へ。
○シフトレバーが壊れている。
　シフトレバー交換。

ローからトップに行く際にレスポンスが悪い
○ワイヤーテンションが強すぎる。
　P49へ。
○シフトワイヤーに抵抗。
　P110へ。

トップからローに行く際にレスポンスが悪い。
○ワイヤーテンションが緩い。
　P49へ。
○シフトレバーの操作（シフトレバーの押し）が弱い。

ディレーラーチューニングの前に

リアディレーラー

　リアディレーラーチューニングが難しいと思っている人の典型的行動パターンは、調整すべき部分をそのタイミングではない時に無用にかき回している事です。さんざんいじった後に頭が混乱してギブアップするのです。
　その部分をいじると何がどう変わるか理解しないままむやみに動かすとチューニングがガタガタになってしまいます。ディレーラーのトップ、ロー各調整ボルトはトップの場合はディレーラーがトップにきていないと全く反応しません。ローに関しても同様です。
　ワイヤーテンションもトップにきている時に調整しようとしても反応しないのが正常です。
　リアディレーラーチューニングが苦手という人はまずは自己流をいっさい捨ててこの本にある通りに作業を進めてみてください。
　飛ばし飛ばしに見るのも御法度です。一部も逃さず実行すれば必ずベストチューニングに行き着けるはずです。ワイヤーを張りすぎたり緩めすぎたりするとシフト操作をしても一段ずれたところで合ってしまってトップやローに入らなくなってしまう場合が有ります。
　純正マニュアルをお持ちでしたら合わせてご覧ください。この本とはまた違った表現がされていますが最終的にはほぼ同様なチューニングができるはずです。
　チューニングは得意という人もさらっと見てみてください。普段自分が行っているチューニングとはひと味違ったチューニング法も出ていると思います。

フロントディレーラー

　フロントディレーラーチューニングが難しいのはリアディレーラーの影響を受けるからです。リアがトップよりかローよりかでフロントディレーラー付近のチェーンは水平方向に数ミリずれます。ですからフロントディレーラーのチューニング時にはリアディレーラーが今どこに入っていてそれがフロントディレーラーのチューニングにどう関係してくるかを認識しておく必要が有ります。チューニング時のチェーン位置はほとんどの場合インナーロー及びアウタートップです。つまりチェーンが一番フレームセンター寄りにきた時及びその逆に一番離れた時の両方でチューニングを行うのです。

チェック事項

a	マシンを作業台にのせてリアホイール及びペダルが回せるようにしておくこと。	d	各パーツは清潔である事。汚れが元で動作不良を起こす事も考えられる。
b	リアホイールがきちっと定位置に納まっているか確認	e	シフトワイヤーに曲がり、ほつれがないこと。
c	自分でパーツを交換している場合には、各パーツの規格に間違いのないこと。	f	各パーツはぶつけたりしていないか。
		g	チェーン、プーリーはへたっていないか。

日常トラブル

リアディレーラーチューニング

Navigation

1. 準備
3. トップ、ロー調整
6. アウターアジャストボルト調整
10. Bテンションボルト調整

作業時間 **15分**

補足説明ページ
フロントディレーラーチューニング　P 52
スプロケット交換　P 146

KEY WORD
- 各調整する部分を個別に考える
- 一つ一つ順に片付ける事

使用工具
・HEXレンチ
・プラスドライバー

準備　1

2 NGの場合は　OK の場合は 3

シフトレバーを操作してチェーンをトップギアに。トップギアに入ったか？

トップに入らない場合　2 a

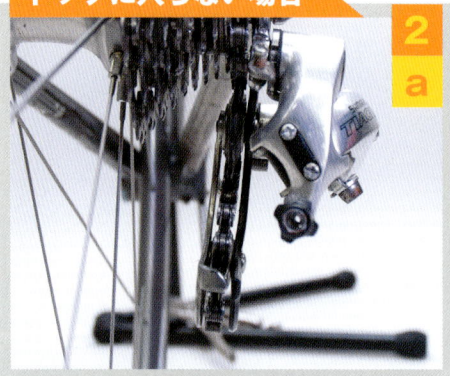

落車等によってリアディレーラーが内側に入り込んでないか目視で確認。多くはディレーラーではなくフレーム側のハンガーが曲がる。（写真参照）

NG ↓

プロショップにフレーム修整を依頼しよう。

b

トップ調整ボルトを回すとプーリーが左右に動くか？（ペダルを回してみること）

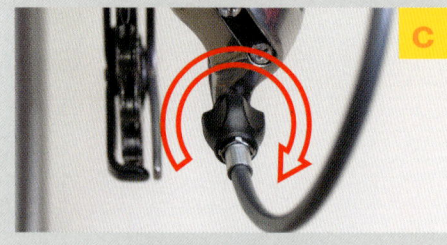

c

シフトワイヤーが張り過ぎているはずなのでアウターアジャストボルトユニットを回してワイヤーをゆるめる。

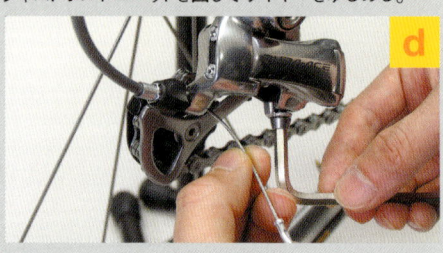

d

シフトワイヤーを外してペダルを回してみる。ハイ調整ボルトも十分にゆるんでいればトップよりにプーリーが動くはずである。これでもトップに入らないならパンタグラフ内に異物がないかチェック。それでもだめならリアディレーラー変換。

トップ調整ボルト調整

トップギアの真下にガイドプーリーがくるようにトップ調整ボルトを調整する。目視で良いと思ったらペダルを回してみること。

NEXT PAGE

a ✕
チェックポイントは2ケ所、2ndギアとチェーンとのすきま①。R/D右プレート上部とチェーン②。上はトップ調整ボルトをしめすぎた例、2ndギアとチェーンが当たって異音がするはず。

b ✕
これはゆるすぎ、②が広い。
チェーンが外側におちそうになって異音がするはず。

c ○
これで適当。トップギアとガイドプーリーが一直線に並んでいる。下写真は拡大したもの。

拡大

d
2ndギアとの間にわずかにすき間がある。①

リアディレーラーチューニング　45

▶リアディレーラーチューニング

ロー調整ボルトによる調整

4 ペダルを正方向に回しながらパンタグラフを押してチェーンをローギアに入れる。ローギアに入ったか？

OKの場合は5

5 調整できたらパンタグラフにそえた手をはなしペダルを回してチェーンをトップギアにもどす。

NG

a ストロークアジャストボルトのL（ロー）側を回してガイドプーリーがローギアの真下にくるように調節する。（パンタグラフは押し続けること）

c 右プレートとチェーンのすき間aをチェック。これはロー調整ボルトをしめすぎた例。すき間が開き過ぎ&ローギアよりガイドプーリーがあきらかに右にきている。

b これで適当。トップギアとガイドプーリーが一直線に並んでいる。チェックポイントはガイドプーリーの左右の金属部分のでっぱりぐあいⓑ。写真のように左側がでっぱる（ガイドプーリーが右にずれている）時にスプロケとプーリーが一直線になっていること。

d ロー調整ボルトをゆるめすぎるとこのようになる。この写真では、右プレートでチェーンを押し続けることになる。スポーク側にチェーンが落ちる可能性大だ。

アウターアジャストボルトによる調整

6

調整方法 NEXT PAGE

OKの場合は **7**

シフトレバーを操作して3ndに入れてみる（何段目でもよいがとにかくトップ、ロー以外で自分が何段目に入れたが認識できる所）。もちろんクランクは回す事。

a ✕ ワイヤーの張りが足りずに2nd止りになった状態、ペダルを回しながら調整ボルトを反時計方向に2〜3回転してやろう3ndに入るはずだ。

b ✕ 3ndに入ったが、まだワイヤーの張りが足りない状態。ペダルを回すとカリカリと異音がする。

c ✕ ワイヤーを張りすぎると、4thギアとあたってしまう。この状態から調整ボルトを半回転から1回転時計方向に回せばいいはずだ。

▶ リアディレーラーチューニング

アウターアジャストボルトによる調整

7

3rdギアの真下にガイドプーリーがきている。ガイドプーリーの金属部分が左右対象になっているのもチェック。下の写真はこの状態でズームしたもの。

拡大

a

チェーンと4thギアの間のびみょうなすき間がキモ。ここがすこしでもあたると異音がする。これは10速の例。

b

8Sの例。全体に間隔が広めだ。

調整方法

8

a

プーリーを右に動かすには調整ボルトを時計回しに回す。シフトワイヤーがゆるみプーリーが右回りに動く。

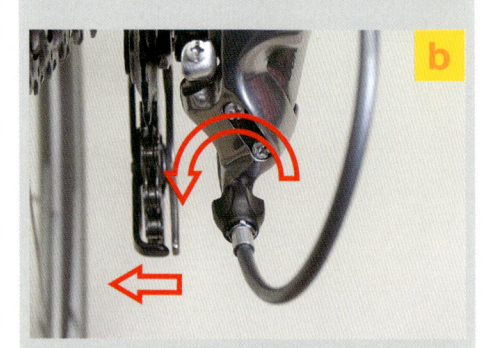

b

プーリーを左に動かすには調整ボルトを反時計回しに回す。これでシフトワイヤーを引っぱることになりプーリーが左に動く。

c

調整ボルトだけで無限に調整できるわけではない、これは調整ボルトが出過ぎた例。いったん調整ボルトをしめてワイヤーを張り直そう。

48　リアディレーラーチューニング

再度各段に入れてみて動きを確認。
よければ作業終了。

NG

シフトダウン時 （a）

シフトダウン時（トップからローへ）にレスポンスが悪い（ワイヤーが緩い）：調整ボルトを反時計方向に半回転から1回転回してみる。

シフトアップ時 （b）

シフトアップ時（ローからトップへ）にレスポンスが悪い。
①ワイヤーの張り過ぎ：調整ボルトを時計方向に半回転から1回転してみる。
②シフトワイヤーがまがったりアウターがまがったり又は潤滑剤が切れて抵抗がある時にもこのような挙動になる場合がある。

NEXT PAGE ➡

ありがちな間違い！

シフトワイヤーチューニングを行なったがトップよりでは良好だがロー側でチューニングが合わない時
①シフトワイヤーがリアディレーラーの所定のミゾに通っていない。（写真参照およびP117・P118）

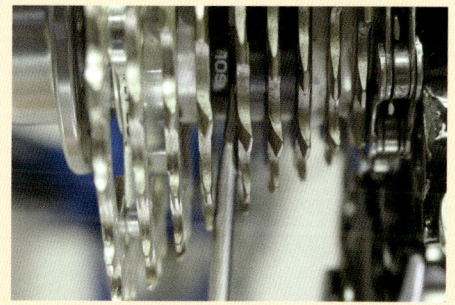

②スプロケのロックリングが閉まってないで各スプロケ間にガタがある。（写真参照）
③シフトレバーの不良

リアディレーラーチューニング

▶ リアディレーラーチューニング

Bテンションボルト調整

10

OKの場合は 11

左右のシフトレバーを操作してインナーローの状態にする。この時ペダルを逆回しにして、リアディレーラーとガイドプーリーとの間隔を調整するために、Bテンションボルトを使用する。

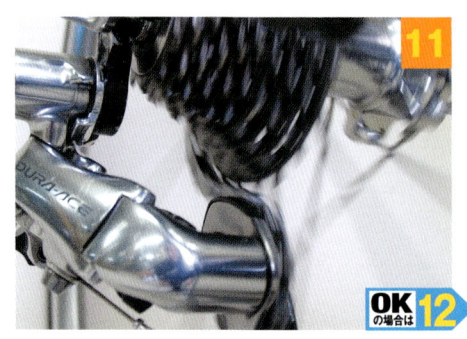

11

OKの場合は 12

ローとその隣のギアとの間をいききさせ、ストレスなくシフトするか確認。問題ない範囲内でBテンションボルトはできるだけゆるめた方がシフトレスポンスはいい。

NG

a

Bテンションボルトをしめる。
徐々にスプロケとプーリーがはなれていくはずである。他の調整ボルトのように微妙なものではないのでグイグイ回すこと。

b 狭い

Bテンションボルトが一番ゆるんだ状態
スプロケットとガイドプーリーがもっとも近付く。ローが小さい（21Tとか）の場合には、まず間違いなくこのようにもっともゆるめた方がよい。その他でもできるだけBテンションボルトがゆるい方がシフトレスポンスは良くなる。

c 広い

Bテンションボルトをもっとも締めた状態
スプロケットとガイドプーリーとの間が広くあく。ローが大きい（27Tとか）の場合にはこのように締めていかないとスプロケットとガイドプーリーが当たる可能性が高い。

Bテンションボルトで調整出来なかったら

a

Bテンション部がスイスイ動くか確認しよう。動きが良好で長年使ったディレーラーならスプリングがへたっている可能性がある。シマノ製なら補修パーツの入手も簡単だ。
バネの交換も機会をみてご紹介する。ちなみにシマノのスモールパーツの名称はそのままズバリ「Bテンションスプリング」。

b

ディレーラーのキャパシティを越えた組み合わせをしていないかチェック。現行シマノのR/Dは27Tまでしか対応していない場合がほとんど。カンパはR/Dとの組み合わせで対応スプロケが違うので確認されたい。

c

落車などでR/DをヒットするとBテンションの動きに影響が出る時がある。Bテンション部をバラしてヤスリで整形もできるがR/Dごと交換が現実的だろう。

最終チェック

12

OK 完了

再度各段に入れてみて動きを確認。
よければ作業終了。

カンパ

カンパの場合、Bテンション調整に当たるボルトはここにある。シマノ同様チューニングしておこう。

リアディレーラーチューニング　**51**

日常トラブル

フロントディレーラーチューニング

Navigation

1 準備	12 ワイヤーの取り付け方
4 ロー調整ボルト	13 トリム調整
7 トップ調整ボルト	

作業時間 **15分**

補足説明ページ
リアディレーラーチューニング　P44

KEY WORD
●取り付け時の角度および、高さがキモ
●チューニングはリアディレーラーとの連携で

使用工具
・HEXレンチ
・プラスドライバー

準備　1

シフトレバーを操作してインナーローに入れる。

2 NGの場合は　**OKの場合は 3**

b

ワイヤーが張っているか確認する。ピンと張っているならアウターストッパー部の調整ボルトで緩める。それも不可ならケーブル固定ボルトを緩めてワイヤーをほんの少したるませる。

インナーに入らない場合　2　a

ロー調整ボルトをゆるめるとプレートが動くか？動く場合にはボルトをゆるめてプレートを内側にいれていけばチェーンがローに入るはず。

c

プレートの角度をチェックして問題がないのなら規格が間違っているしか考えられない。BBシフト長が短い、ディレーラーが直付けタイプでシートチューブ径が太すぎる等が考えられる。

52　フロントディレーラーチューニング

ポイント

角度

高さ

マニュアルを良く読みプレートの角度、高さ共にチェックする。両者とも厳密に行なわないとチューニングが合わない。高さは一番高い歯先を基準に行なうこと。

13 NGの場合は

裏技としてBBの右ワン（または右アダプター）にスペーサーをかませてチェーンリングを左にずらすワザがある。当然左クランクも右によってしまうのであくまで裏技と認識して頂きたい。

ロー調整ボルト調整

0.5mm

ロー調整ボルトを回して左プレートとチェーンのアウターリンクが0.5mm程度のすき間になるようにチューニングする。（写真参照）

6 NGの場合は **OK 7の場合は**

リアをトップにいれてからペダルを回し、写真のようにシフトワイヤーを手で引っ張って、アウターに変速してみる。

トップ調整ボルトを緩める。徐々にゆるめつつ変速するかチェックすること。

フロントディレーラーチューニング 53

▶フロントディレーラーチューニング

トップ調整ボルト調整

7

8 NGの場合は　　　OKの場合は **10**

シフトワイヤーを引っぱりながら、トップ調整ボルトの微調整を行なう。

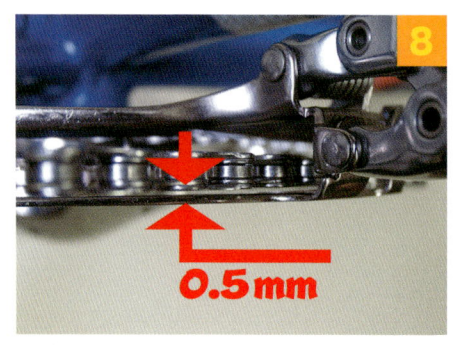

8

0.5mm

右プレートとチェーンアウタープレートの間が0.5mmのすき間に。剛性が足りないフレームではもう少々開けた方がいい。

トップ調整ボルトが調整できない場合に考えられる要因　**9**

BBシャフトが長過ぎる。トリプル用クランクにダブル用フロントディレーラーを使用したなどが考えられる。クランク交換時には、フィキシングボルトのトルク不足又はオクタリンクの勘合部の取付け不良。ホローテックのキャップ取り付けトルク不足が考えられる。チェーンリングが指定の位置にきているかチェーンラインを測定するのも一案。

10

11 NGの場合は　　　OKの場合は **13**

ペダルを回しながらシフトレバーを操作してアウターに変速できるかやってみる。
シフトレバーは最後まで押し切ること。
シフトレバーがやたら重い時は次ページの **12**

11

OKの場合は **13**

いったんレバーをリリースしてワイヤーを緩めアウターうけにある調整ボルトを緩める方向にもっていきワイヤーを適当に張ってみる。

a

シフトレバーを押している時にはチェーンとプレートが当たらないのにレバーをはなすと当たる場合にはワイヤーの張りが足りない。調整ボルトを反時計回しに回して、プレートとチェーンが干渉しなくなるまでワイヤーを張ること。

シフトワイヤーの正しい取り付け方

シフトワイヤーの通し方をチェックする。間違ってとりつけるとやたらとレバーが重くなる。写真とは異なる通し方のディレーラーもあるのでマニュアルで確認されたい。アウターワイヤー内の潤滑や曲がりも要チェック。

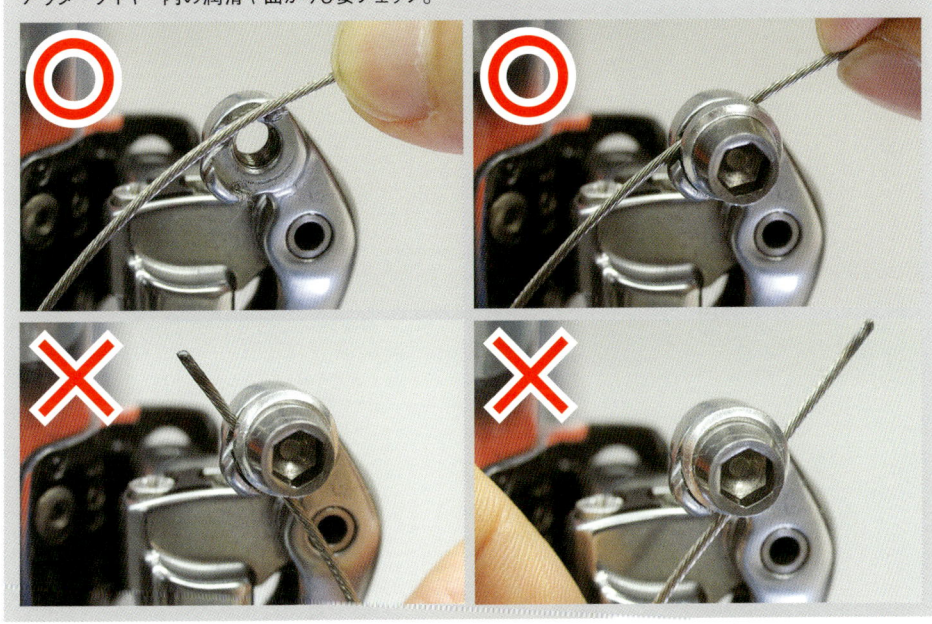

ワイヤーが張り過ぎだとトリム調整（P56参照）ができないままローに切り変わってしまう場合がある。アウターうけにある調整ボルトを締めてみよう。締めすぎるとワイヤーが緩んでシフトレバーをいっぱいにまで操作しても右プレートとチェーンが当たったままになる。

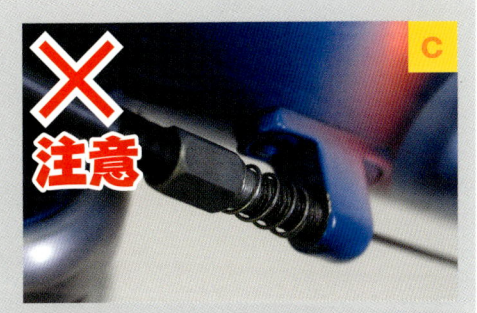

調整ボルトがこのように出過ぎたらいったんボルトをしめてフロントディレーラーのワイヤー取り付けボルトを緩めてワイヤーを張り直すこと。

フロントディレーラーチューニング

▶フロントディレーラーチューニング

トリム調整とシフトチェンジ

トリム調整

シフトチェンジ

13

トリム調整とは？？？

フロントディレーラーの微調整のための機構。リアディレーラーが変速するとチェーンが左右に動くのでフロントディレーラープレートの位置によってはどうしてもプレートとチェーンが干渉する場合がある。それを回避するための仕組み。

ワイヤーの張りの調整

14

シフトワイヤーの張りを調整する。アウターうけの調整ボルトを時計方向に回せばワイヤーがゆるみ反時計回しで張ることができる。調整ボルトだけで調整できない時はフロントディレーラーのワイヤー固定ボルトをいったんはずして張りなおし、調整する。

手順・1　アウタートップ

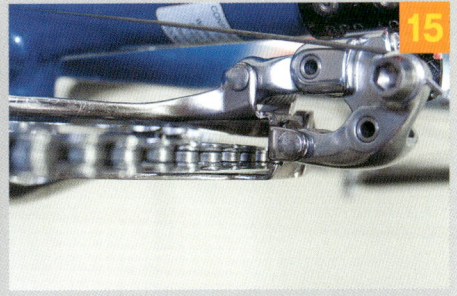

アウタートップにシフトチェンジして右プレートとチェーンとの間に0.5mm程度の隙間が有る事を確認する。

手順・2　アウターロー

リアディレーラーをローにシフトチェンジする。フロントディレーラーはそのまま。この時、フロントディレーラー近くのチェーンはフレームに近よっていくのでフロントディレーラーとこする可能性があるがこれで正常である。

手順・3　トリム調整＆微調整

左STIレバーのリリースレバーを軽く押すとフロントディレーラーがかすかに内側にずれてチェーンと干渉しなくなる。この時のプレート位置はワイヤーの張り具合で決定されるのでフロントシフトワイヤーの厳密な張りはこのタイミングで決める。ワイヤーの張りの調整が必要な際はまずワイヤーを張るのか緩めるのかを判断するのが肝心。プレートを右にずらすにはワイヤーを緩め、左にするには張ればよい。そのための手順としてはまずこの状態からペダルを回さずにリリースレバを押す。

こうすればワイヤーがたるむのでアウター受け部分で調整ボルトを回すのが容易になる。適度に調整できたと思ったらペダルを回さずにシフトレバーを操作してフロントディレーラーをアウター位置に持っていく。再度リリースレバーを軽く押してトリム調整してみればチューニングが正しいかどうか確認できる。再調整もこのようにペダルを回さず行った方が効率が良い。最終的に変速動作を行ってみてトリム調整が適度に行えるか確認すること。

OK 完了

フロントディレーラーチューニング

日常トラブル

ブレーキの効きが悪い

Navigation

- 1 チェック
- 4 ワイヤー調整
- 6 クリーニング・潤滑
- 13 最終手段

作業時間 **20分**

補足説明ページ
ブレーキインナーワイヤー交換　P98
ブレーキシュー交換　P120

KEY WORD
- ●フリクションロスの軽減と消耗品の交換
- ●安いブレーキキャリパーは制動力もそれなり

使用工具
- ・HEXレンチ　・パーツクリーナー
- ・潤滑油　・ワイヤーインジェクター

チェック

1 2 NG / OK の場合は 6

ブレーキシューとリムの間が左右とも1〜2mm程度のすき間がある。

2

ブレーキシューがすり減っていて交換時期を過ぎていないかチェックする。

ちょっと一言

ブレーキシューとリムとの隙間はブレーキをかけた時の手の握り具合でも適当な場所が変わってくる。手の小さい人はブレーキレバーがハンドルバーに近いところでブレーキをコントロールするのが適当なのでブレーキシューとリムの隙間は広めになるはずである。

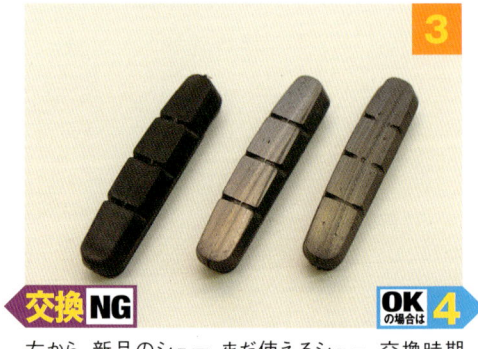

3 交換 NG / OK の場合は 4

左から、新品のシュー、まだ使えるシュー、交換時期になったシュー。シュー交換はP120参照（実際の作業でチェックするだけなら取り外しは不要。）

ワイヤー調整

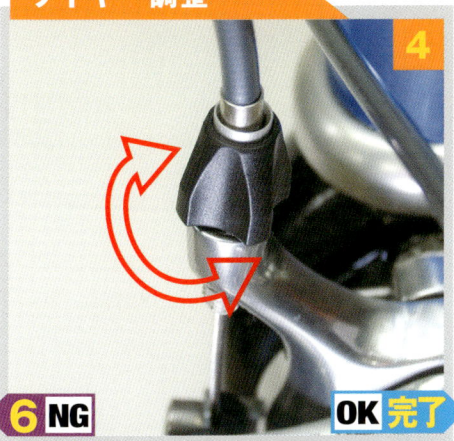

4

6 NG / **OK 完了**

ケーブル調整ボルトを回してワイヤーを張っていく。徐々にシューとリムの間が狭くなっていくはずだ。

5 注意

ケーブル調整ボルトの調整範囲を超える可能性がある。上の写真はその状態。一旦ボルトを全て締めてワイヤーを張り直すこと。

> 注）シュー、リム間が開く原因には、他に次のような原因が考えられる。
> - リムが削れて幅が狭くなった。
> - ブレーキワイヤーの初期のびが出た。
> - ブレーキワイヤー固定ボルトのトルク不足。
> - ワイヤーのほつれ。

クリーニング・潤滑

6

ホイールを外してシューに異常が無いかチェックする。寿命はもちろん、汚れや異物がささっていないかも確認する。

7

リム側をチェック。少しでも油分があるとブレーキの効きは極端に悪くなるので脱脂は確実に行う。リムに油分があった場合、シューにもついてしまっているだろうからシュー側のクリーニングも忘れずに行う。

8

リムサイドのクリーニング用に砂消しのような品も販売されている。専用品なので安心して使用出来る。

ブレーキの効きが悪い

▶ ブレーキの効きが悪い

9

キャリパーを手で握りながらレバーを操作してみる。ワイヤーに抵抗が無ければきわめて軽くワイヤーが行き来するはずである。

レバーの引きが軽い	▶ 13
レバーの引きが重い	▶ 10

インナーワイヤーの場合 **11**

13 NG → **OK 完了**

アウター内で異常があると考えられるので思いきってインナーワイヤーを交換してしまおう。この時インナーワイヤーの汚れ、錆の具合から、アウターワイヤー内を想像する。部分的に錆びていたりしたらアウターも交換。P98参照

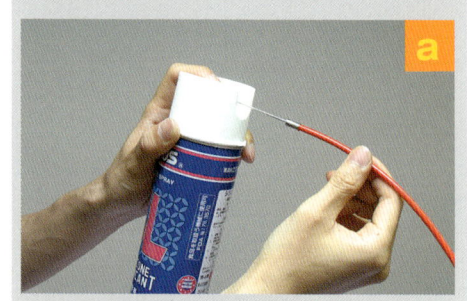

a

インナーワイヤーを抜いた時がチャンス!!
アウターワイヤーにケミカルを入れておこう。

10

11 NG → **OK 完了**

ケミカル切れが考えられるのでワイヤーインジェクターでケミカルを注入する。必要の無い部分に付かないように気をつけること。付いてしまったらパーツクリーナーで拭き取る。

アウターワイヤーの場合 **12**

13 NG → **OK 完了**

全交換がベストだが、バーテープの絡みもあって部分交換で済ませたい場合にはアウターでジョイントを使用すれば可能だ。この手はポジションを変えた時にも有効な手段。インナーは交換してしまおう。P102参照

最終手段 13

ここまでやってもブレーキの効きに不満がある場合には、ブレーキキャリパーを上級のものにするのが有効である。特に10万円程度の完成車に付いているキャリパーは冷間鍛造ではない場合が多いので、キャリパー交換は有効である。

14

サードパーティーのブレーキシューにすることによって制動力をアップさせることも可能だが、シューのみの交換で事が解決するかは微妙なところ。シューの交換だけで事が足りるなら、高価なキャリパーが存在する訳が無い。付け焼き刃となることも覚悟しよう。

コラム／ブレーキキャリパーのセンター出し

取り付けナットを一旦ゆるめ、ブレーキシューをリムに押し当てながら締め直す。

センタリング調整ネジでも調整可能だが、このネジを回したあとはリムの高さが変わるので、シューの位置の調整を再度行うこと。

コラム / ブレーキに関するマメ知識

バイクに乗って走っている時にブレーキレバーを握ると止まるという事象にもエネルギー不滅の法則は適応されます。つまり、ブレーキをかけるという事はそのマシンの運動エネルギーをブレーキシューとリムの間に発生する摩擦熱に変えるという事です。運動エネルギーを熱エネルギーに変換させる装置。それがブレーキです。

そのためロードバイクで長い下りのコーナーを攻めていればブレーキシューやリムはかなりの高温になります。

さて、近代ロードバイクは先人たちの試行錯誤のおかげで通常の運用をしていればほぼ熱の問題がおこらないようになっています。

しかし理屈を理解しないまま自己流の運用すれば思わぬしっぺ返しを食らう事も有るでしょう。

一昔前ですと熱に弱いリムセメントを使ったら下りでリムセメントが溶け出した事もあります。今でもリムにステッカーチューンをしたらそのステッカーの接着剤が熱で溶けてシューとの当たり面にまでズレた例が有ります。

エアロ化をはかると称してキャリパーにカバーをかけてしまった人もいますがこれも運用を間違えば熱がこもってトラブルの元になります。

同様にバックでキャリパーに風が当たらなくなってしまうような運用をする場合にも注意すべきでしょう。

また、筆者は事例を知らないのですが放熱面の少ない小径車は当然の事ながら熱に弱いはずです。

自転車ユーザーは他の車両と異なり熱によるトラブルをほとんど意識していません。ブレーキシステムは自転車では唯一熱を発生する部分ですので改造や各種後付けパーツの装着にはブレーキによる発熱トラブルを意識してください。

ポジショニングの経済合理性

服にたとえるなら一般に売られている完成車は吊しのスーツと同じです。

統計データーからはじき出したもっとも売りやすいもっとも数のはけるサイズを大量生産し、購入しそうな客には多少のサイズの誤差は目をつぶってもらいます。

今時スーツを特注で作るのは少数派であるように自転車も特注もしくはセミオーダーは全体から見れば圧倒的に少ないのです。

筆者は平均的日本人の体型をしていないのでスーツはもちろんスポーツウェアーから革靴までオーダー品を持っています。もちろん所有している多くの被服は特注品ではなく大量生産品で下着や靴下は3枚なんぼの品を使っています。

しかし愛用しているなぁと感じるのは特注で作った品ばかりです。体に合わせて作ってもらったのですから当然しっくりしますし疲れませんから当たり前ですが。

自転車でも多くの人は完成車をそのまま乗っています。

ベストセッティングが分かっていないからそのままの人が多いのですがもっとも大きな原因は正確なポジショニングにかかる人件費を消費者が支払うことにNOと言ってしまったということでしょう。

一人の消費者のポジショニングを考えてそれをしつらえるにはプロがやっても半日は必要です。それに必要な人件費を2.5万円とするとそれをマシンの価格に含ませるには最低でも30万円程度のマシンを購入してもらわないといけないでしょう。

この価格帯ですとハイアマチュアでなければ購入しません。徹底的に各販売店の値段をチェックして一番安い店で購入しようとすると人手をかけられないマシンのハイ出来上がりです。

ガタを取る

- アヘッドヘッドパーツ —— 64p
- スレッドヘッドパーツ —— 70p
- フロントハブ —— 74p
- リアハブ —— 76p
- 現行カンパ玉当たり調整 —— 78p
- ブレーキキャリパー —— 80p
- ボトムブラケット&クランク —— 82p

ガタの取り方

アヘッド

Navigation

1 チェックの仕方	14 コラムとの面をチェック
8 ガタの取り方	15 アンカープラグをチェック
11 ガタがとれない時は	

作業時間 **20**分

補足説明ページ
ハンドル周りの固定　P 18
スレッド　　　　　　P 70

KEY WORD
- アヘッドの構造を理解しよう
- キャップボルトは本締めしない

使用工具
・HEXレンチ
（スターナットセッター）

チェックの仕方

1 フロントブレーキをかけて前後にゆすってみる。ハブ、フロントブレーキキャリパーの可能性もあるので要注意。

2 分かりにくかったらハンドルを90°曲げてヘッドパーツに指をそえてハンドルを握った手（この写真では左手）でフレームを前後方向にゆする。ヘッドパーツにガタがあれば指で感じる。

3 フロントホイールを持ち上げてハンドルを左右に切ってみる。スムーズに回るか。引っ掛かる部分は無いかチェックする。

4 分かりにくいようならフロントホイールを外すと分りやすくなる。一番良いのはフォークとヘッドパーツだけにすることだが、それだと少々面倒だ。

ガタの取り方

5 もちろん目視でもチェックする。これは正常な状態。もちろん下側もチェックする。

6 ガタがあったりするとこのように不自然なすき間ができる。ヘッドパーツの種類によってはシールがはみ出たりする場合もある。

7 雨天に走ればヘッドチューブ内に水が入る可能性がある。いくらグリスを詰めたり、シールがあっても完全とはいえないのだ。機会があったら下ワンを覗いてみると良い。ちなみにこの写真は、本を作成する半年ほど前に同じマシンをばらした時のもの。下ワンに水が溜まり、シールドベアリング内にも水が入ってしまっていた。

8 クランプボルトを緩める。2本締めのものは当然2本とも緩めること。

9 キャップボルトを締める。この時注意しなければならないのは、このボルトは普通のボルトのように本締してはいけないということ。写真のように、レンチの短い側で締め付けるくらい！

10 クランプボルトを元の状態になるように締め付ける。タイヤとステムがまっすぐになっているか確認しながら作業すること。

11 NGの場合は / **OKの場合は 完了**

アヘッド 65

▶ アヘッド

ガタがとれない時は

11 キャップボルト、トップキャップを外す。

12 これで正常な状態。チェックポイントは2ケ所。まず、フォークコラムがトップキャップと接触しないくらいに面から下がっているか。次に、アンカープラグ又はスターファングルナットがヘッドパーツにプレッシャーをかけられるような位置にしっかり固定されているか。

13 トップキャップには厚みがある。この厚みを計算に入れた上で各パーツの位置を決めなければならない。

コラムとの面をチェック

14

a ✕ フォークコラムがステムの面より上に出てきてしまっている。これではキャップボルトを締めてもヘッドパーツにプレッシャーをかけられないのでガタはとれない。

b ◯ 適当な厚みのスペーサーをかませてフォークコラムが沈むように。

c ◯ もちろんステムが一番上でもコラムより上に来ていればOK!

> コラムはステムまたはスペーサーの最上部より2〜3mm下がっているようにしなければいけない。ステムがコラムの面近くにきているならスペーサーを追加してコラムが下がった状態になるようにしよう。また、下がりすぎてもコラムとステムが固定できなくなるので下がりすぎもNGだ!

アンカープラグの位置をチェック

a ✗
アンカープラグが上がりすぎている。これではキャップボルトをいくら締めてもヘッドパーツに圧をかけることが出来ない。アンカープラグをもっと下げよう。

b ✗
これは下げすぎの例。ここまで下がってしまうとキャップボルトが届かなくなってしまう。

c ○
キャップボルトが十分に届き、なおかつアンカープラグとトップキャップが接触しない位置にアンカープラグを固定する。しっかり固定しないとキャップボルトを締めている時に上がってきてしまうのでしっかり締めよう。一方、コラムがカーボンの場合には加減しないとコラム側が割れてしまう時がある。何ごとにもほどほどが肝心である。

各部のチェック及び改善が済んだら「 9 」に戻る。

コラム　スターファングルナットとそのチェック

スターファングルナットは専用工具が無いと打ち込みが極めて困難なのでプロショップに依頼する事になる。なお、スターナットはコラムがカーボンの場合には打ち込み不可なのでそのつもりで。

アヘッド　67

▶ アヘッド

回転が重い、もしくは不自然

16

パーツの不良以外で最も多いケースがアヘッドの構造、原理を理解しないままステム交換をしたり各ボルトをいじった事によるトラブル。
キャップボルトは玉当たり調整用だが一般的なボルトと同様に締め込んでしまうとハンドルバーが全く動かなくなる。

18 要因排除NGの場合は / OKの場合は**19**

各ワイヤー、サイクルコンピューターの配線等が干渉していないか確認する。ヘッドパーツのシールがずれて悪さをしている場合も有る。写真はフロントブレーキのワイヤーとリアシフトワイヤーが干渉しないように変速バナナでシフトワイヤーのルートを改善した例。
　改善前はアウターワイヤ同士の干渉でステアリングにも影響が出ていた。

17

キャップボルト、クランプボルト共に緩める。
回転に変化が有るか確認する。

| 変化有り | ▶ | 20 |
| 変化無し | ▶ | 18 |

19

ステムをはずしてフォークコラムをプラハンで軽くたたいてやろう。もちろん車体を持ち上げる等してフォークが浮いている状態でなければいけない。
これでヘッドパーツ各部が緩むはず。加減しないとコラムが一気に抜ける場合が有るので用心されたい。
ステム上部にスペーサーが有る場合にはステムはそのままでスペーサーだけ外しても作業できる。

20

21 NGの場合は　**OK 完了**

ヘッドパーツの当たりを調整する。キャップボルトの締め込みはこのようにHEXレンチの短い側を持って締め込むと程よいトルクになる。作業後再度回転を確認。

コラム

高級ヘッドパーツは何のため?

高級ヘッドパーツを付けると何が変わるのか???実は高速走行時のコーナーリングが変わるのだ。高級ヘッドパーツは当然の事ながら回転が良い。精度も高い。そのためコーナーに侵入して車体が傾いた時に自然にステアリングが切れるのだ。そのため高級ヘッドパーツを付けたマシンは容易に安定したコーナーリングが可能になる。それに対して安価なヘッドパーツや不良ヘッドパーツを付けたマシンではライダーが無意識にステアリングに力を入れてコーナーリングしているのだ。また、ヘッドパーツに問題があるマシンは手放しができない。ヘッドパーツにはそれなりに予算をさきたい物だ。

各パーツのチェック

a パーツ交換 NGの場合は

全体をばらしてワン、玉押しなどをチェックする。各部はグリスまみれなはずなのでいったんパーツクリーナーで洗浄する。回転部分に関わる傷が有る場合は要交換。カートリッジベアリングには内部のグリスが流れてしまうので直接スプレーしないこと。

b パーツ交換 NGの場合は

カートリッジベアリングはこのように単体で当たりをチェックすると良否の判別が極めてしやすい。

c パーツ交換 NGの場合は　**21**

下玉押しも要確認。たとえばアルテの下玉押し(右)は鉄製であるのに対してデュラ(左)はアルミでできており割れる確率が高い。割れたタイミングでアルテの下玉押しに変えるとトラブルの予防になるので勧めている。

d 最終手段

ヘッドチューブに精度不良が見受けられる場合にはヘッドパーツに問題が無くても均一に力がかからないので回転にムラができる。プロショップに依頼してフェイスカットをしてもらおう。

ガタの取り方

スレッド

Navigation

1. 玉当たりの調整
10. スレッドトラブル対処法

作業時間 **20**分

補足説明ページ
ハンドル周りの固定　P18
アヘッド　P64

KEY WORD
● 舌付き座金の運用に注意
● スレッドをいためたら修正をしてから

使用工具
・ヘッドスパナ　・プライヤー　・金ノコ
・マイナスドライバー　・ヤスリ　（フォークダイス）

玉当たりの調整

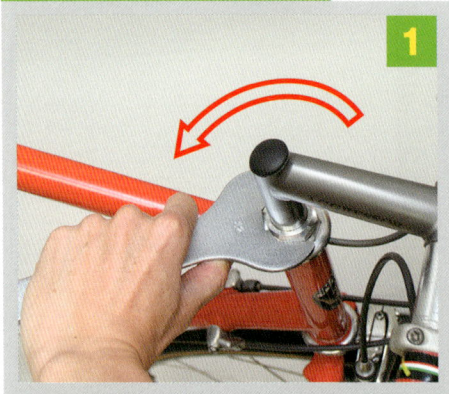

1
袋ナットを緩める。この時、軽く回ったか力を入れて回ったかを覚えておくこと。

2
上玉押しを締める方向に回してみる。玉当たりの調整なので力を入れすぎないこと。写真のように短くスパナを持ってチョイと締めたという感じに。もちろん玉当たりが正常ならスパナはほとんど回らないはず。

3

4 NG
舌付き座金が上下に動くか確認しておくこと。

OK 5 の場合は

動かない

4
袋ナットを外して、舌付き座金面の状態を確認する。座金を取り除くが、このときコラムのスレッドをなるべく傷つけないように行うこと。座金は外れたか？

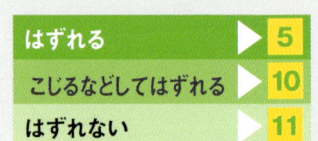

はずれる ▶ 5
こじるなどしてはずれる ▶ 10
はずれない ▶ 11

5

上玉押しで玉当たりの調整ができたら袋ナットを締め込む。

7

上玉押しをおさえたまま、袋ナットを45°～90°程度ゆるめる。続いて袋ナットをおさえて上玉押しを同角度ゆるめる。作業後、玉当たりを確認。必要に応じて再調整。

9 NG / **OK 完了**

6

袋ナットの力で上玉押しがさらに押されたので、上玉押しを緩める方向に回す。これによって適当な玉当たりとなると共に、袋ナットと上玉押しが共締めされる。玉当たりを確認する。

| 堅い | ▶ 7 |
| 緩い | ▶ 8 |

8

袋ナットをおさえたまま、上玉押しを45°～90°程度締め込む。続いて上玉押しをおさえて袋ナットを同角度ゆるめる。作業後、玉当たりを確認。必要に応じて再調整。

9 NG / **OK 完了**

9

袋ナット、上玉押しともばらして内部に異常が無いかチェックする。
必要に応じて部品交換となるが、部品が入手不可能な場合はヘッドパーツ全体の交換となるのでばらした状態のままプロショップに持ち込んだほうが良いだろう。
シールが悪さしていないかも要確認。
P69 No.21参照

スレッド 71

▶ スレッド

スレッドトラブル対処法

a **10**
スレッドおよび座金の舌が変型していないかチェックする。座金がアルミでコラムが鉄だと座金だけが変型するが、座金が鉄だとスレッドまで傷んでしまう。

12 NGの場合は　**OKの場合は 5**

b 座金に変型がある

できれば新品に変えること。ジャンク品でも合う場合がある。写真のようにヤスリで整形するのも一案。

OKの場合は 5

11
少々乱暴だが座金の舌をスリットの位置に戻るように大型プライヤーで回す。力を加える所は舌の部分をさけること。すき間にマイナスドライバーを入れるのも一案。

NEXT 10

12

ベストな対処法は、プロショップに依頼して専用ダイスでスレッドを立て直してもらうこと。

> 複数の店で修正不可といわれた。

フォーク交換。この際スレッドレス（アヘッド）にするのも良いかもしれない。

NEXT 5

自分で何とかしたい

13

必殺技!!

a

不要な鉄製の袋ナットを用意して内側に鉄ノコでスリットを入れる。これで簡易ダイスの出来上がりだ。軽いキズなら修復できる。

12 NG の場合は

b

ヘッドスパナで慎重にスレッドを立て直す。潤滑油（できれば切削油）を使うこと。手ごたえを確認しながら慎重に作業すること。失敗してキズを大きくする可能性もあるので腕に自身のある方のみチャレンジ！

ガタの取り方

フロントハブ

Navigation

1 チェック
5 玉当たり調整

作業時間 **10**分

補足説明ページ
クイックレバーの運用の仕方　P 14
リアハブ　P 76
現行カンパの玉当たり調整　P 78

KEY WORD
● 玉当たりの感じはグレードによって異なる
● 当たり微調整時のスパナの掛け方がキモ

使用工具
・ハブスパナ（13〜15mmの場合が多い）

チェック

1 フロントホイールを持ち上げてリムを持って左右に力を入れてみる。ハブのわずかなガタもホイール外周部では大きなガタとなるので分かりやすい。

2 ホイールをはずしてハブシャフトの確認をする。クイックシャフトははずした方が玉当たりの見当をつけやすいのではずしてしまう。

3 玉当たりが正常か否かは正常な玉当たりが分かっていないと判断のしようがない。同等のグレードの正常なハブが有ったらぜひとも触っておこう。正常な状態では高級グレードの物はヌルリとした感じが。普及品はグレードによってゴリゴリした感じがある。

4 左右のロックナットをつかんで緩んでいないか確認する。

玉当たり調整

| ゆるい場合 | ▶ | 9 |
| きつい場合 | ▶ | 10 |

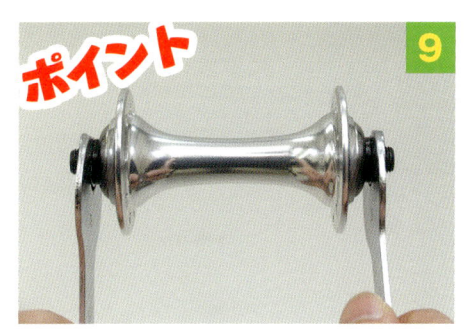

5 緩んでいる側が有ればそちらを、そうでなければどちらか一方を緩める。まず玉押しをハブスパナ(写真左)で固定しロックナットを緩む方向に回す。

6 緩めた側の玉押しのみをハブスパナで押さえ反対側のロックナットを手で締め付ける。

7 玉押し同様、緩めた側のロックナットも指で締め付ける。

8 緩めた側の玉押しとロックナットを程々に締め込み、玉当たりを確認(スパナの持ち方に注意、短く持って低トルクで)。

ポイント

9 左右のロックナット(外側のパーツ)同士にスパナを当てて締める方向に15°くらいずつ回しながら適当な当たりがでるところを探す。

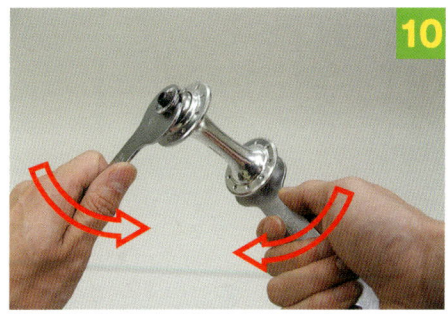

10 左右の玉押し(内側のパーツ)同士にスパナを当てて緩める方向に15°くらいずつ回しながら適当な当たりがでるところを探す。

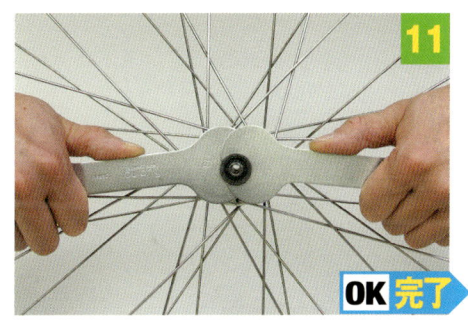

11 玉押しとロックナットを本締めする(スパナの持ち方に注目、長くもってしっかりトルクをかける)。一応当たりを確認し納得がいかなかったらもう一度緩めてやり直す。

OK 完了

ガタの取り方

リアハブ

Navigation

1. チェック
2. 玉当たり調整

作業時間 **10**分

補足説明ページ
- フロントハブ　　　　　　P74
- 現行カンパ玉当たり調整　P78
- スプロケット交換　　　　P146

KEY WORD
- 正常な玉当たりを知ること。
- フリー側のとも締めは確実に。

使用工具
ハブスパナ（15〜17mmの場合が多い）
（メガネレンチ）

前項のフロントハブ同様チェックをおこなってガタが有るようなら玉当たり調整を行う。
リアハブはフロントと比較してシャフトもベアリングも大きいので相対的にシャフトの回転は多少重くなる。

チェック

1　カセット化されたハブでは、右側の玉押しがフリーボディ内に入ってしまっている。左側からしか作業が出来ないのでなにはともあれ左から手を付けていこう。

**ロックリングを外してスプロケットを抜く。
P146 スプロケット交換参照**

2　左側の玉押しとロックナットにハブスパナを噛ませてロックナットを緩める。

3　左側のロックナット、玉押しとも緩める。

4　この状態でやっと右の玉押しが見える状態になる。

5　緩んでいないはずだが、一応ハブスパナを当てて本締すること。

玉当たり調整

6 左側の玉押しおよびロックナットを指で締める。

7 左側ロックナットと玉押しをほどほどに締め付けて玉当たりを確認する。スパナの持ち方をチェック（低トルクで締める時はこのように短く持つ）

| ゆるい場合 | ▶ | 8 |
| きつい場合 | ▶ | 9 |

8 ポイント
左右のロックナット同士にスパナを当てて、締める方向に15°程度ずつまわしながら適当な玉当たりになるまで調整する。

9 右のロックナットをスパナで固定しながら、左の玉押しを緩める方向に15°位ずつ回していく。

右のロックナットが緩んでしまった。

5 で行った右側のロックリングと玉押しの締め付けが弱すぎたので一旦ばらしてやり直す。

10 OK 完了
左側の玉押しと、ロックナットを本締めする。一応確認して納得がいかなかったら前に戻る。

コラム

ロックナットにめがねレンチが使えるならば、できるだけ使おう。ナットにやさしいだけでなく、安定した作業ができる。

リアハブ 77

日常トラブル

現行カンパ玉当たり調整

Navigation

1 左側（フリーと反対側）を緩める
2 右側（フリー側）を確認
3 当たりを調整　本締め

作業時間
5 分

補足説明ページ
フロントハブ　　　　　　　P74
リアハブ　　　　　　　　　P76

KEY WORD
●既存の玉当たり構造とは全く異なる
●軽合金部分が多いのでトルクを加減

使用工具
・HEXレンチ

やり方が分かっていれば実に玉当たり調整が簡単なのがカンパ。しかし、昔ながらの物しか知らない人にとっては摩訶不思議な構造をしている。基本的な内部構造は昔同様カップアンドコーン。

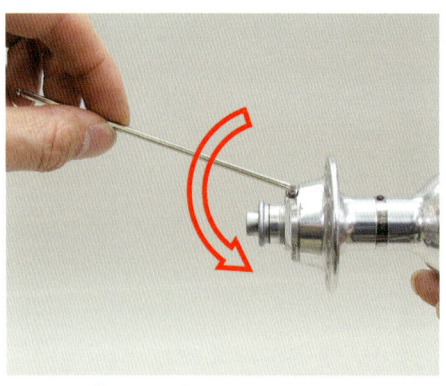

1

2

ロックリングかわりのボルトをゆるめる。

ハブシャフトを5mmのHEXレンチで固定して玉当たりを調整。

3

玉押しは、レンチでも締められる様になっているが手で締めるだけで十分当たりを出せる。締め過ぎないように注意。

4

適度な当たりが出たところでハブシャフト（矢印）を回して玉当たりを確認する。

5

OK 完了

ボルトを締めこんで完成。
メネジは、アルミで出来ているのでトルクは加減しよう。締め終わったら再度玉当たりをチェックする事。

Topics

ハブを含め回転部分はグレード（値段）によって回転の良し悪しが異なる。

写真左が普及価格帯の玉押し、右は鏡面仕上げされた105のそれである。当然の事ながらハブに組まれた状態の両者を触った印象は異なる。

中級グレード（シマノで言えば105）以上の品なのにゴリゴリ感が有る、もしくは普及価格帯の物でも不自然にガタが有る物はベアリングや玉押し、最悪玉受けに傷が有る可能性が高い。

その場合はすべてばらしてオーバーホールとなるが他の部分（リムやスポーク）もへたっているならそのままあきらめて乗りつぶすのも一案。

シールドタイプでガタが有る場合はベアリングの打ち直しになる可能性大。
技術、経験、特殊工具とも必要なのでダメ元のつもりのユーザー以外は作業をお勧めできない。確実に修理したいならショップに依頼しよう。

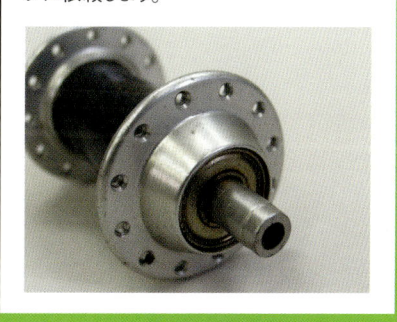

現行カンパ玉当たり調整

ガタを取る

ブレーキキャリパー

Navigation

1. チェックの仕方
2. アームボルトにガタがある場合
6. ピボットボルトにガタがある場合

作業時間 **20**分

補足説明ページ
- ブレーキの効きが悪い　P 58
- ブレーキシュー交換　P 120

KEY WORD
- 内部構造を理解して作業をする事
- 自信が無ければプロに頼もう

使用工具
・HEXレンチ
・13mmメガネレンチ

---

1 ピボットボルト／アームボルト

ブレーキキャリパーを握って、キャリパー自体の動きやガタの有無を確認する。前後のキャリパーとも同時に異常をきたす事は考えにくいので、片方おかしいと思ったらもう一方をチェックすること。近年のブレーキキャリパーはデュアルピボットを採用した物が多く構造も複雑なので、自信のない方はプロにお願いしよう。

アームボルトにガタが有る場合

2 まずは、アームばねをはずす。

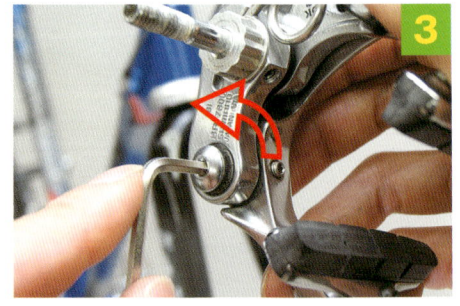

3 HEXレンチでボルトを押さえ、まず裏側にあるナットを緩める。

80　ブレーキキャリパー

4 物によっては止めネジをゆるめないとボルトを回せない場合もある。

5 ボルトをガタがなくなるまで締めるが、このボルトで当たりの調整をしているので普通のボルトのように締めてはいけない。適当な当たりがでたら逆順で組み直す。

今回は代表的なシマノ製品の解説を行ったが他社の物は構造が微妙に異なるので現物を確認しながら作業を進められたい。なお、同じシマノ製でも年式やグレードによって多少の構造の違いが有る。また高級グレードになると内部にベアリングが使われているのでより用心して作業してほしい。

ピボットボルトにガタがある場合

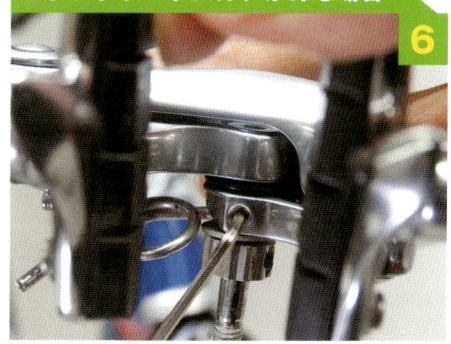

6 アームボルトと同様にアームバネをはずし、ピボットボルトの場合、キャリパー下にある止めネジを緩め…

7 つづいて13mmのメガネレンチで特殊形状のナットを緩める。物によってはこちらにも止めネジがある場合がある。

8 ピボットボルトにガタがなくなるまでHEXレンチで軽く締める。13mmのナットを締めると当たりが変わってしまうこともあるので注意すること。適当な当たりがでたら逆順で組み直す。

ガタの取り方
ボトムブラケット＆クランク

Navigation
- 1 ホローテック2
- 7 勘合部のチェック
- 13 カートリッジタイプ
- 16 カップ＆コーン

作業時間 **20分**

補足説明ページ
BB周辺からの異音　　P 88

KEY WORD
- ●ガタを見つけたら早めの対処が肝心
- ●高トルクな作業箇所多数

使用工具
HEXレンチ及び
各BBに対応する専用工具（フェイスカッター）

BBのタイプはどれか？

1
ホローテック2　NEXT **2**

カートリッジ　NEXT **7**

カップ＆コーン　NEXT **7**

2
まずは左クランクボルトをいったん緩める。
NEXT **3**

7
一度に左右のクランクをつかんで揺すってみる。手の感覚で左右のクランクが一体になっているか判断する。

- 片方だけガタがある ▶ **8**
- 両方が一体でガタがある ▶ **11**

8
9 NGの場合は　　**OK**の場合は **完了**

ガタが有る側のフィキシングボルトを増締めする。この際には指定トルクで締められるように長めの工具を使用してしっかりトルクをかけるようにしよう。

82　ボトムブラケット＆クランク

3 NEXT 4 / OKの場合は 完了

BBシャフトにねじ込まれているキャップを専用工具で指定トルクに締め付ける。その後、左クランクボルトを再度指定トルクで締め込む。（メーカーによって玉当たり調整は異なるので取り説を確認すること）

4 NEXT 5

クランクをはずして左右アダプターをまし締めする。専用工具TL－FC32を使用する際は指定トルクが得られるように延長パイプ等を兼用しよう。

9

一度クランクをBBシャフトから抜いてBBシャフトとクランクの接合部をクリーニングする。接合部の形状（特にクランク側）に問題が無いか確認する。フィキシングボルトもチェック。

11

左右のクランクを抜く

| カートリッジの場合 | ▶ 12 |
| カップ＆コーンの場合 | ▶ 15 |

10 完了

勘合部の形状に異常がなければグリスを付けてくみなおす（カンパはテーパー部分にグリスを付けないこと）。勘合部形状に異常がある場合にはヤスリで削って整形可能と思われる場合はトライ（写真）、ダメならクランク交換するしか無い。
フィキシングボルトに異常がある場合はさっさと交換してしまおう。

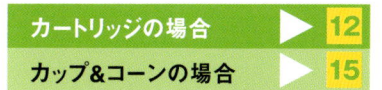

15 NEXT 16

はじめにロックリングを緩めその後左ワンを1～2回転緩める。

▶ クランク、BBのガタの取り方

5
6 NGの場合は / **OK の場合は 完了**

左右アダプター内のベアリングに異常がないかチェックする。ガタ等問題が有るならアダプターを交換の後組み直す。

6
完了

ホローテック2ではBBシェルのフェース精度が厳しく問われる。またカップ＆コーンもフェース精度の影響を受けやすい。シェルの平行が出ていなければショップに依頼してフェースカットをする必要がある。

12

BBシャフトを回してみる。シャフトがスカスカに回ったりガタが有るようならBBユニットを交換。カートリッジBBは使い捨てなのだ。

BBユニットが使える様なら 13 へ。▶

13
完了

左アダプターを1〜2回転緩めてから右側からカートリッジを締めこんでみる。その後左アダプターを締め込む。これでもがたつく場合はBBユニットまたはフレーム側のスレッドに異常が有る。BBユニットを他の物に交換してみるか、フレームのスレッドを立て直すかの判断をする事になるが自信が無ければこれ以上はプロにまかせよう。

16

右ワンを増締めする。もし左ワンを緩めた以上に右ワンが締まるようなら左ワンをさらに緩めた後右ワンを締めること。

17
完了

左ワンで玉当たりの調整をしてロックリングを締める。再度玉当たりを確認してOK!ならクランクを元に戻す。この時点で玉当たりの調整ができない場合は部品交換になる（上記6のフェースカットも参照）。

異音が出たら

└ 異音に対する対処法 ─── 86p
　├ ホイール
　├ トランスミッション
　└ パーツ同士の接合部
└ BB周辺部からの異音 ─── 88p

異音が出たら

異音に対する対処法

Navigation

1. 異音の出る箇所
2. ホイール
3. トランスミッション
4. パーツ同士の接合部

作業時間 **15分**

補足説明ページ
- トランスミッショントラブル　P 38
- リアディレーラーチューニング　P 44
- フロントディレーラーチューニング　P 52
- ガタを取る　BB&クランク　P 82

KEY WORD
- 問題は放置せずにさっさと対応
- グリスの使い方がキモ

使用工具
- 状況によって異なる

1 異音の出る箇所

異音が出る箇所は大きく分けて三つあります

- ホイール
- トランスミッション
- パーツ同士の接合部

それぞれ対処法が異なりますので順を追って説明していきましょう。

2 ホイール

作業スタンドに乗せてホイールを回してみる。
作業スタンド上では音がしない場合にはゆっくり走行して音のパターンから問題箇所を推測する。

考えられる原因

a) サイクルコンピューターのセンサー部またはマグネットがどこかに接触している
b) リフレクターが曲がってホイールと接触している
c) ホイールバランスが狂ってブレーキシュー(車種によってはマッドガード)と接触している
d) ホイールの取り付けがフレームに対して曲がっている(クイックシャフトのトルク不足、ハブシャフトの収まりが悪い等)
e) タイヤビートの収まりが悪く浮いた部分がブレーキシューと接触している
f) リムのつなぎ目の精度が悪い
g) スポークが折れている
h) リムフランジが割れている

トランスミッション

3

作業台に乗せてクランクを回してみる。変速動作を繰り返す。
単なる組付けミスやチューニング不足及び規格の間違え以外に
考えられるのは 以下の通り。

リアディレーラーからの異音

考えられる原因

a) リアディレーラーハンガーの曲がり
b) リアディレーラーハンガースレッド不良
c) リアディレーラーの曲がり
d) プーリーの上下の取り付け間違え
e) テンションプーリー回転方向間違え
f) チェーンの接合不良
g) スプロケット固定不良（ロックリングトルク不足）
h) ハブがエンドにしっかり入っていない

フロントディレーラからの異音

考えられる原因

インナートップやアウターローなどチェーンが大きくよじれる位置では異音がするのが普通です。またトリム調整の意味が分かっていない場合にはリアディレーラーの位置によってはチェーンとフロントディレーラーが接触します。
それ以外に考えられる原因は下記の通り。

a) フロントディレーラーのプレートが変形している
b) ディレーラーの固定ボルトのトルク不足による位置のずれ
c) BBやクランクにガタが有る
d) チェーンリングのゆがみ

パーツ同士の接合部

4

考えられる原因と対策方法

a) 異音のする場所の特定
b) その場所の増し締め→確認
c) bでダメなら分解清掃→グリス追加→組み直し→確認
d) cでダメなら部品交換

　分解清掃時に接合部及びボルト等に変形があれば部品交換が必要になります。
　特に事例の多いBB周辺についてはペダル、クランク、チェーンリング、BBと異音の発生源が集中しておりプロでも判別が困難です。
　それぞれ手を着けやすいところからやってみて様子を見る事の繰り返しになります。
　次ページでは最も事例の多いBB周辺の異音に対する対処法を解説していきます。

異音が出たら

BB周辺部からの異音

Navigation
1. チェックの仕方
2. 各部増締め

作業時間 **20分**

補足説明ページ
シートピラーの固定　　　P 20
ガタを取る BB & クランク　P 82

KEY WORD
- 車輪、クランクの回転、路面の段差
- 各、音の出るタイミングで場所を特定

使用工具
HEXレンチ他
各部増締めのための工具

チェックの仕方

1

a. ペダルを下にしてバランスを取りながら体重をかけてみる。このときブレーキを前後ともかけておく事。

b. スタンディングスチルができるならクランクを平行にしてペダルに体重をかけ、音の発生源を推測する。左右のペダルは前後入れ替えてみること。

c. クランクを持って左右に揺する。音がしなくてもガタで判断できる時も有る。

各部増締め

a 場所が特定できない場合も多い。まずは手を付けやすいところから増締めしてみる。手始めにペダルから。

b ギア固定ボルトも手をつけやすい。

c フィキシングボルトを使用しているものはここも増締め。

d ホローテック2では左クランク締め付けボルトをいったん緩めてキャップを増締め。再度左クランク締め付けボルトを締め付ける。

増締めでもダメなら

ペダルを交換してみる。適当なペダルが無かったら家族用のママチャリのペダルをもいで仮に付けても原因がペダルだったかは検証できる。ペダルではない事がはっきりすればクランク及びBBをばらしてみるしか無い。

手順としては

> クランク及びBBを分解→
> 清掃及びきず、変形、精度不良が無いかチェック→
> グリスアップ→組み直し→確認

となる。完成車に付いていたBBをそのまま使っている人はこれを機会に上級グレードのBBに付け替えるのもGood。

ここまでやって症状の改善がない場合は下のような可能性がある。

> 異音がしていたのが実はシートピラーだった
> →やぐら部分をまし締め

> サドルのレールが取り付け部分で破損していた
> →サドル交換

> フレームにクラックが入っていた
> →ご臨終です。

BB周辺部からの異音

コラム　軽量化は是か否か

　自転車乗りが一度ははまってしまうのがマシンの軽量化。軽量化は数値で明らかに結果が見えるので思わずそそられてしまう改造だ。

　しかし一歩間違えばマシントラブルを引き起こす危険な行為とも言える。

　基本的に同一素材同一構造の物を軽くしようとすれば肉を薄くするか端を削るしか方法は無い。あらかじめ強度を考えて作られたパーツの肉をそげば剛性や金属疲労の問題が生じる事はもちろん無理な力がかかった時にはあっさり壊れるだろう。

　一昔前は各パーツを削ったり穴をあけたりする改造をよくやった物だが近年では市販されている段階でぎりぎりまで軽量化されているのでほぼ改造の余地がなくなった。昔はヤスリとドリルと根性で軽量化したのだが今はもっぱら軽いパーツを金で買う時代になったのだ。

　それでも軽い物は弱いという原則が変わるわけではない。

　極端な例で言えばシマノのセイントを持った時がある人はその重さに驚くだろう。リアハブなどは内装ギアでも入っていそうな重さだ。左クランクもいかにも丈夫で麺うちや大工仕事かなにかに使えそうな気もする。機会が有ったらぜひ手に持ってほしい。強いパーツというのはこういう事なのだ。

　もちろんロードバイクにセイントクラスの強度は必要ない。しかし自転車乗りが永遠に求める軽くて強いパーツという物は現実の世界では実に矛盾している願望なのだ。

　このような原則をふまえた上で軽量化をしようとすれば以下のような方法が有る。

　一番確実で安心な軽量化は有名コンポーネントメーカーの最上級クラスコンポをインストールする事につきる。

　有名メーカーの行っている軽量化はなるほど理にかなった構造、素材の選択、精度によってもたらされた物であってスキが無い。一部の完組ホイールを得意としているメーカーをのぞけばメンテナンス性も考慮されており高価な対価を払うに十分な価値がある。

　次に考えられるのは各種軽量パーツだが軽さと剛性の無さは常に対である事を忘れてはいけない。唯一その法則から解放されるのは素材を変える事だ。

　カーボンはその最右翼に位置する素材だろう。軽く自由な形状が作れて振動吸収も期待できるこの素材は自転車との理屈上のマッチングが非常によい。

　理屈上と書いたのは実際には金属との接合部をどうするかとかスレッドを立てられない事、価格の問題が有るのでそのハードルを超えなければ実際には使えないからだ。

　筆者のおすすめはハンドルバーやシートピラーをカーボン製に変える事だ。これだと軽量化だけでなく振動吸収も期待できるので一石二鳥なのだ。もう一つにはカーボンリムも有効だがこのチョイスだとチューブラーになってしまう場合が多いのでWOユーザーにとっては悩ましいところ、カーボンフォークも使えるやつが増えてきた。事故ってフォーク交換になるならカーボンに変えてみることもぜひ検討してほしい。

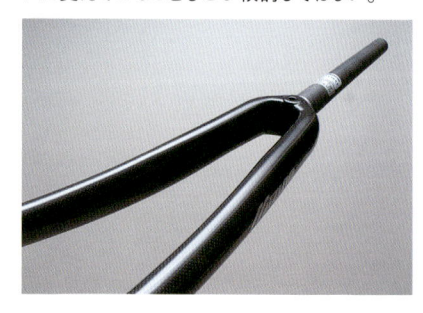

消耗品のチェックと交換

- タイヤチューブ WO ─ 92p
- ブレーキインナーワイヤー ─ 98p
- ブレーキアウターワイヤー ─ 102p
- シフトワイヤー ─ 110p

コラム プーリーを変えてプチチューニング 119p

- ブレーキシュー ─ 120p
- バーテープ ─ 124p
- チェーン ─ 132p
- チェーンリング ─ 140p
- スプロケット ─ 146p
- プーリー ─ 150p

消耗品のチェックと交換

タイヤチューブ交換　WO

Navigation
- 1 はずす
- 17 フラップ
- 24 取り付け

作業時間 **10**分

補足説明ページ
- タイヤの空気圧　　P 12
- クイックの固定　　P 14
- パンク修理　　　　P 24

KEY WORD ●一部分に力を入れるのでは無く、全体に馴染ませるように。

使用工具
- ・タイヤレバー　・プラスドライバー
- ・ポンプ　　　　・マイナスドライバー

はずす

1 空気を抜く。バルブナットが付いているタイプはそれも外すこと。空気が抜けたら、バルブ先端は破損防止のため締めておいた方がGood。

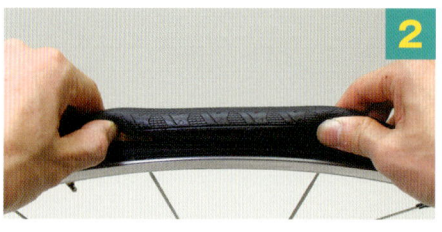

2 リム内側とタイヤビートが貼り付いている可能性が有るので押してみる。貼り付いているようなら親指で押しながら全周とも剥がしておこう。

3 きつめのビートは、まずこのように指で摘んでやるとタイヤレバーが入りやすい。（つまんでキュ）

4 タイヤレバーでビートを起こすが、特に注意しなければならないのは赤丸の2点。一方のRにはビートが、もう一方にはリムが乗るようにする。

5 タイヤレバーとスポークを一緒に掴むと、安定した作業をすることができる。レバーがスポークに引っ掛けられるものもある。

6 リムにタイヤレバーのRが掛かっていないと、やたらと力が必要になるとともにタイヤやリムにも無理な力が掛かってしまう。

7 一本目とほどほどの距離をおいて2本目を差し込む。

8 スーッ

2本目のレバーが入りにくい時は、1本目とさらに離したところに2本目を差し込み、1本目の方に滑らせるようにしてビードを引っ掛ける。

9 ななめにキュ

必殺技!!

ビートがきつい時は、このようにタイヤレバーを斜にしてエッジを使って差し込む方法もある。

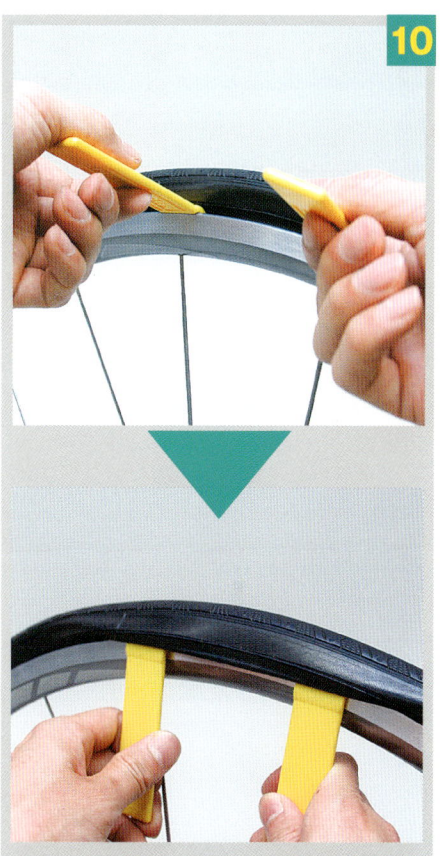

10 2本を一度に差して、2本とも一気に持ち上げてしまう手もある。もちろんチューブにキズをつけないようにすること。

11 2本目も起こせたら、1本目はそのままに、2本目を第3の箇所に移動させてビートをおこす。

タイヤチューブ交換 WO

▶タイヤチューブ交換　WO

はずす

12
ある程度ビードが外れれば、タイヤレバーを滑らせるだけで作業が進む。軽量チューブを使っている時は、この時にも引っ掛けてチューブを傷める可能性があるので慎重に。

13
バルブの反対側からチューブを取り外す。タイヤに貼り付いている場合には、ある程度力を入れて剥がすのも可。

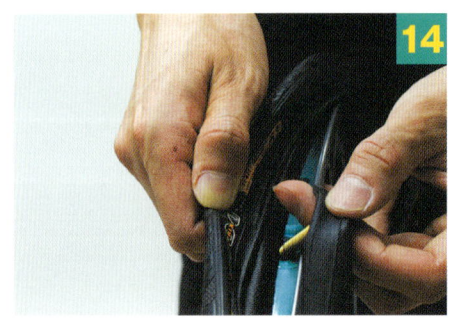

14
バルブを外すのは、このようにバルブ先端に力が掛からないように気をつけよう。

15
もう一方のビートを外す。このように、タイヤとリムに力を入れれば外せるはずだ。

16
外れにくい時は、足でリムを固定して、利き手でタイヤを引っ張るようにするといいだろう。ただし、リムを踏みつけたりしないこと。足はこのように三角に！

フラップ

17 ✕ ／ ◯

この機会にリム内側のフラップをチェック。ずれていないか、収まりはよいか？ロードタイヤの高圧に耐えられるように、きちんと環境を整えよう。

18

フラップを外す場合には、小さなマイナスドライバーをバルブ穴から差し込み、持ち上げるようにすると良い。固いフラップもあるので手を怪我しないように。

19 ポイント

フラップを取り付ける際には、バルブ穴にドライバー等を挿してリム側とフラップ側とがずれないようにする。

20

最後は親指でぐっと押して収める。

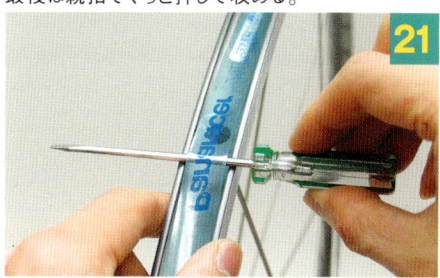

21

問題があったら小さなマイナスドライバーで修正。

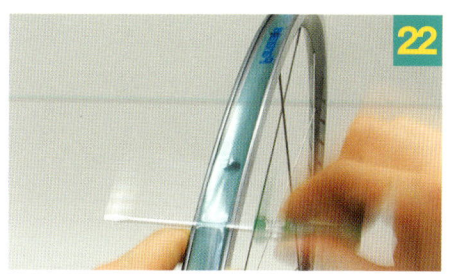

22

バルブ穴がずれてもドライバーをリムに滑らせれば、少しずつフラップをずらすことができる。

23

ホイールを回して確認。

▶タイヤチューブ交換　WO

取り付け

24 まずは片方のビートをリムにはめる。

25 たいていは手で入るが、どうしても最後の部分が入らない時はタイヤレバーを使おう。

26 少し空気を入れたチューブをバルブからはめる。空気の量はチューブが丸くなる程度。入れ過ぎるとタイヤに入らない。

27 はめたらタイヤをかぶせるように。

28 ポイント　クイッ　シュッ
チューブを押し込むのでは無く、馴染ませるように入れていく。押し込むようにすると最後でつじつまが合わなくなってしまうので、全体のようすを見ながら行う。

29 もう一方のビートもはめていく。チューブの空気が多すぎると入りにくいので加減すること。

30 最後まで手で入れたいが、どうしても入らない時がある。

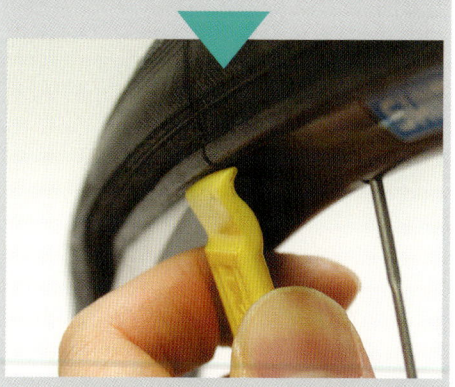

その時はタイヤレバーを使うが、チューブを挟まないようにすること。

31 チューブが噛んでいないか、チューブとリムの間を目視で確認する。挟まっていたらビートをもんだりレバーで上げたり、チューブに少し空気を入れたりして収める。

32 バルブをいったん押し込んでバルブ周辺のビートも収める。

33 少し空気を入れて、タイヤの収まりを見る。写真のようにホイールを回転させながらチェックすると分かりやすい。

34 空気圧を所定の数値にセッティングする。最後にもう一度タイヤの収まりをチェックしたら完成。

OK 完了

タイヤチューブ交換 WO 97

消耗品のチェックと交換

ブレーキインナーワイヤー交換

Navigation

- **1** はずす
- **8** ケミカル処理
- **9** 取り付け
- **17** 初期のびを取る
- **18** 不要部分の処理

作業時間 **40分** (乾燥にかかる時間を含む)

補足説明ページ
- ブレーキの効きが悪い　　P56
- ブレーキアウター交換　　P102
- ブレーキシュー交換　　　P120

KEY WORD
- ブレーキブラケット内のワイヤーの通り道を確認
- フリクションロスを最小限になるよう意識すること

使用工具
- ワイヤーカッター　シリコンスプレー
- プライヤー　・HEXレンチ・ニッパー

はずす

1 インナーワイヤーをワイヤーカッターで切断する。

2 ニッパーは使用不可。ワイヤーがほつれるばかりで切れない。

3 ワイヤー取り付けボルトをゆるめてワイヤーを廃棄する。

4 コイツを取りたいが、このままだと取れない。

5 インナーワイヤーをグイッと押してやったりすると、

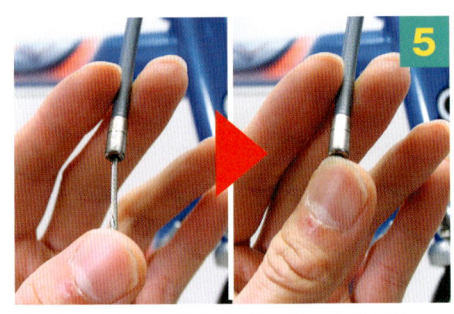

6 ホレこの通り。

ポイント 7

古いワイヤーを抜く時に、ワイヤーがどこを通っているのか確認しておく。ブラケットの奥までのぞきこもう。インナーワイヤーがきれいかどうかでもアウターの良否を判断できる。

ケミカル処理 8

インナーワイヤーがないタイミングなら、ケミカル処理も簡単。（写真はシリコンスプレー）

取り付け 9

新しいワイヤーをいれていく。入れる時のレバーの構えはこのように。シフトレバーをいったんリリースしてからシフトレバーを操作しブレーキレバーを斜めによじりながらにぎる。

P105ブレーキアウターワイヤー交換15～17参照

10

丸印のワイヤー掛けユニットはいいとして、その先がわかりにくい！ここまできて「あ゛」と思った人は古いワイヤーを抜く時にチェックしてなかったのだろう。

11

ワイヤー掛けユニットの次に、かすかに見える穴にワイヤーを通す。機種によって多少場所が違うので、抜く前によくチェックしておこう。

12

ワイヤーを通す。通りにくい時はツンツンしてやると通るはず。それでも通らない時はアウターワイヤーに問題があるかも知れないのでチェックして、必要に応じて交換しよう。

ブレーキインナーワイヤー交換

▶ ブレーキインナーワイヤー交換

13 中古 ▶ ◀ 新品

リヤに使っていたものをフロントに利用する場合など中古のインナーワイヤーの場合にはブラケット内をうまく通ってくれない時がある。その時は、ワイヤーを新品に交換しよう。

14 グリス

キャリパーまできたら、アウターキャップにグリスを付けてはめる。このアウターキャップは付けるタイプ、付けないタイプがあるので原物を見て判断する。

15

ワイヤーの通す位置も物によっていろいろだが、近年のサイドプルブレーキは写真のように通すものばかりになった。

16

ブレーキキャリパーを握ってワイヤーを固定。ワイヤーを引き過ぎると遊びが無くなってしまうのでほどほどに。仮締めして遊びを確認後、本締めをする。

初期のびを取る

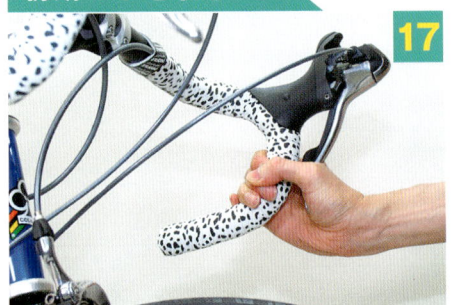

17

ブレーキワイヤーをグイッと握って初期のびを取る。今一度、ブレーキレバーの遊びを確認して必要に応じてワイヤーの固定をやり直す場合もある。

不要な部分の処理

18

ワイヤーの固定位置がよければ不要なワイヤーをカットする。

19 さっさとインナーキャップを付けてしまおう。シマノの純正ワイヤーカッターはこの部分でキャップを固定するとなっているが…

20 完了 ニッパーの方が作業性がよい。加減してやらないとキャップが切れてしまうので気を付けよう。

コラム ケーブル調整ボルトの運用法

1 ケーブル調整ボルトはシュークリアランスの調整に使うだけではなく、ブレーキシューの減りに対応するためのものでもある。

2 シューがすり減ってきたからといって、いちいちケーブル固定ボルトを緩めたり締めたりでは、ボルトにもワイヤーにもストレスが掛かる。できるだけやらないように。

3 マシンが新品時やブレーキシューを新品に変えた時は、このように調整ボルトを締めておく。調整しろに多少ゆるめておくとモアベター。

4 シューがすり減ってきたらケーブル調整ボルトを緩めていけば調整できる。また、この調整ボルトで十分にブレーキシューのすり減りに対応できるように設計されている。

ブレーキインナーワイヤー交換

消耗品のチェックと交換

ブレーキアウターワイヤー交換

Navigation

1 はずす	18 取り付け
5 ワイヤー加工	24 アウターの長さの決め方
14 ケミカル処理	31 アウターワイヤーの延長

作業時間 **20**分

補足説明ページ
- ブレーキの効きが悪い　　P58
- ブレーキアウター交換　　P102
- ブレーキシュー交換　　　P120

KEY WORD
・ブレーキブラケット内のワイヤーの通り道を確認
・フリクションロスを最小限になるよう意識すること

使用工具
・ワイヤーカッター　シリコンスプレー
・プライヤー　　　・HEXレンチ・ニッパー

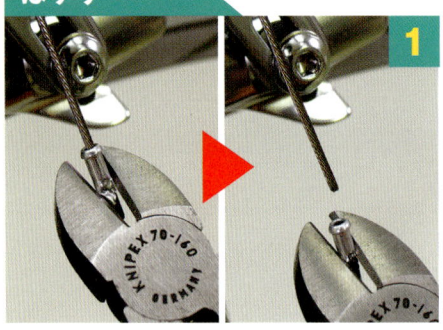

はずす

1
アウターのみ交換でインナーワイヤーを再利用したい時は、インナーキャップを抜く。押しつぶされた方向と直角方向から力を入れると素直に抜ける。

2
ブレーキワイヤーを止めているテープは、この位置からカッターを当てれば容易に剥がせる。

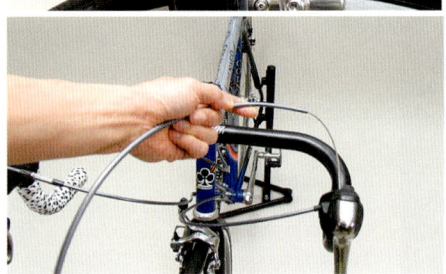

3
常識的にアウターワイヤーを外していく。

4
インナーワイヤーも交換する時は、ブラケット内にどのようにインナーワイヤーが通っていたか良く確認してからワイヤーを抜くこと。

ワイヤーの加工

5 新しいアウターワイヤーをブレーキブラケットの所定の位置にグイッと差し込む。

グイッ

6 ワイヤーの長さを決める。正しい長さの誤差範囲は20mm程度しか無いので慎重に行うこと。ブレーキキャリパーが動くことも考慮する。

> P107 ブレーキアウターの長さの決め方
> 　　　24〜28参照

▶ ブレーキアウターワイヤー交換

ワイヤーの加工

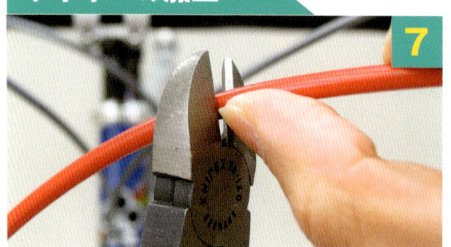

7 長さが決まったら切断する。ワイヤーカッターでも良いが、ブレーキアウターのみは良く切れるニッパーを使った方がモアベターだ。

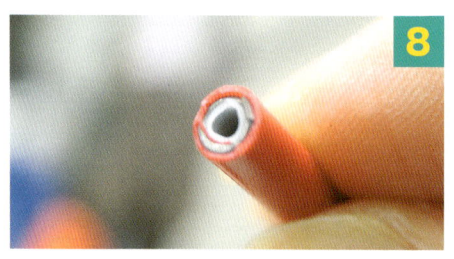

8 運がいいとこのように一回できれいな切断面になる。

9 だいたいこんな様に切れる時が多い。中のライナー(白い部分)が潰れているだけで無く、金属部分も曲がっている。

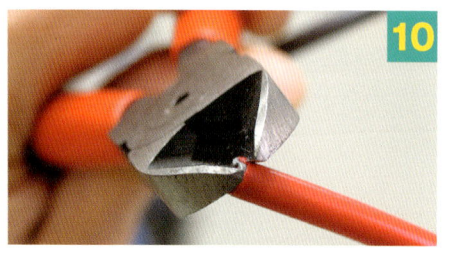

10 金属のバリは、このようにニッパーを斜めに当てて排除する。

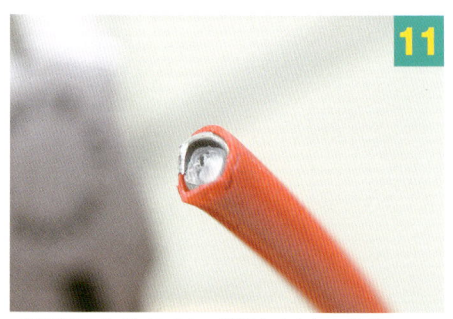

11 バリは取れたが、ライナーは潰れたままの状態。

12 千枚通しなどでライナーの形を整えてやる。

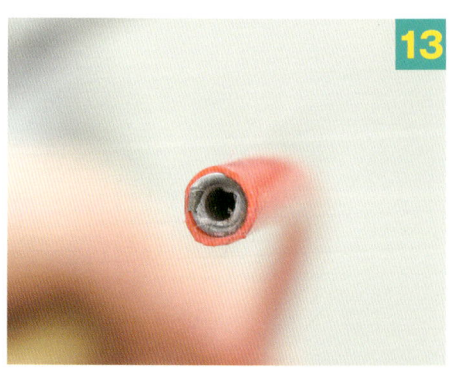

13 これで切断面の整形の出来上がり。もちろん両端ともこのようでないといけない。

ケミカル処理

14 お気に入りのケミカルで潤滑させよう。インナーワイヤーがなければケミカルの注入も容易だ。

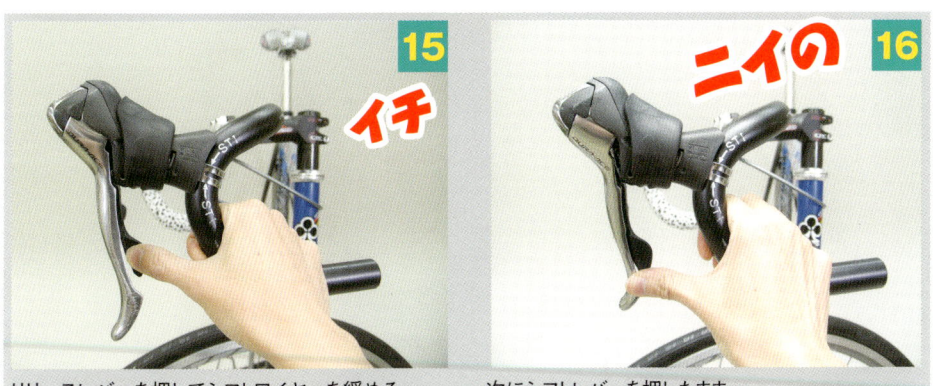

15 リリースレバーを押してシフトワイヤーを緩める。

イチ

16 次にシフトレバーを押したまま…

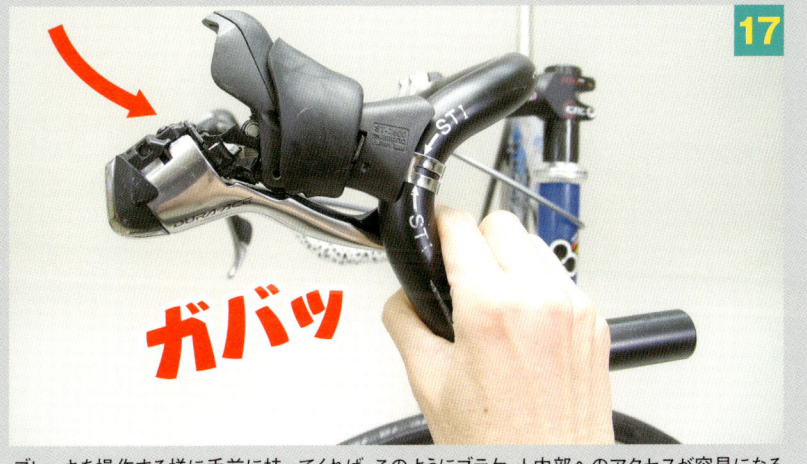

ニイの

17 ガバッ

ブレーキを操作する様に手前に持ってくれば、このようにブラケット内部へのアクセスが容易になる。

ブレーキアウターワイヤー交換

▶ ブレーキアウターワイヤー交換

取り付け

18 インナーワイヤーを抜く前に確認した穴を通す。

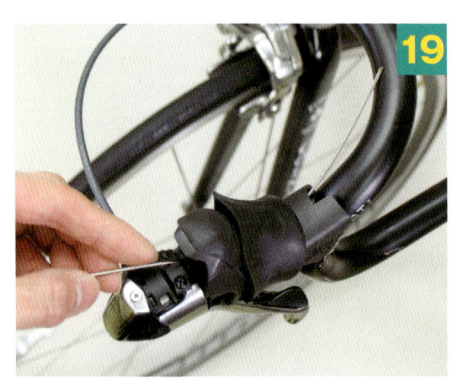

19 ブラケット無事通過。

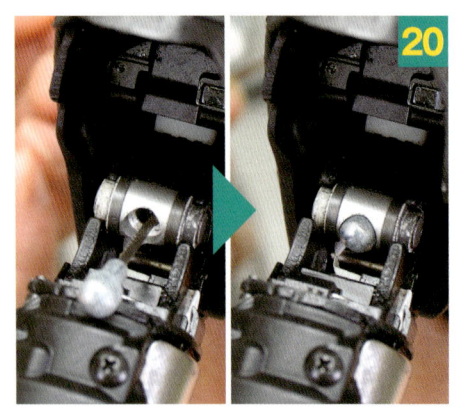

20 ワイヤー掛けユニットへのおさまりもチェック。

21 アウターを通したら、ブレーキキャリパーにインナーを固定。

22 ブレーキレバーをギュッと握る。

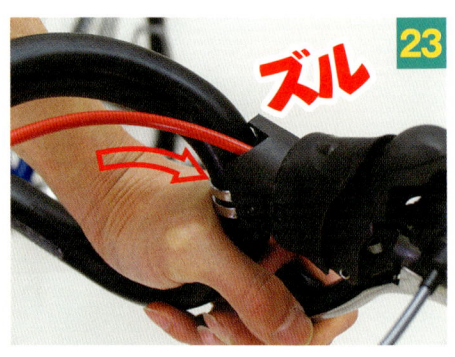

23 ズル

ブラケット内にアウターが奥まで入っていないとこのタイミングでアウターが中に入ってしまう。インナーワイヤーは張り直しになる。

アウターの長さの決め方　1

24

短すぎる。ハンドルを右に回しきる前にブレーキアウターワイヤーが張ってしまう。

25

適当な長さ。ハンドルバーをいっぱいに切ってもギリギリ問題が無い長さである。

26

長すぎる。ハンドルをいっぱいに切ってもまだ余裕があるようではハンドルがまっすぐの時にフリクションロスが出る可能性有り。

▶ ブレーキアウターワイヤー交換

アウターの長さの決め方 2

27 短すぎる ✕

ブレーキをかけた際に明らかにフリクションロスが出ている。ブレーキの片効きの原因にもなる。

28 ○ キャリパー開 / ○ キャリパー閉 適当な長さ

ブレーキキャリパーが動作しても各部とも影響が無い。

29 長すぎる ✕

常時フリクションロスがある。ブレーキの片効きの原因にもなってしまう。

取り付け

30

セッティングが決まった所でアウターワイヤーをハンドルバーに仮止めする。

31 ポイント

3ケ所くらい止めておけばGood!ハンドルバーの曲がった部分で浮かないように。

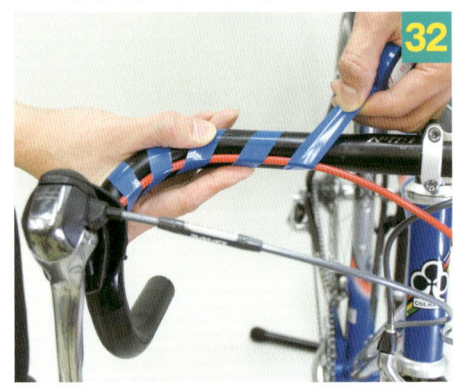

32

このようにグルグル巻いていっても良い。

33 上から見るとこの様に。 OK 完了

カンパ

34 カンパの場合、シフトワイヤーも同時に巻き込むが、基本的なやり方は変わらない。

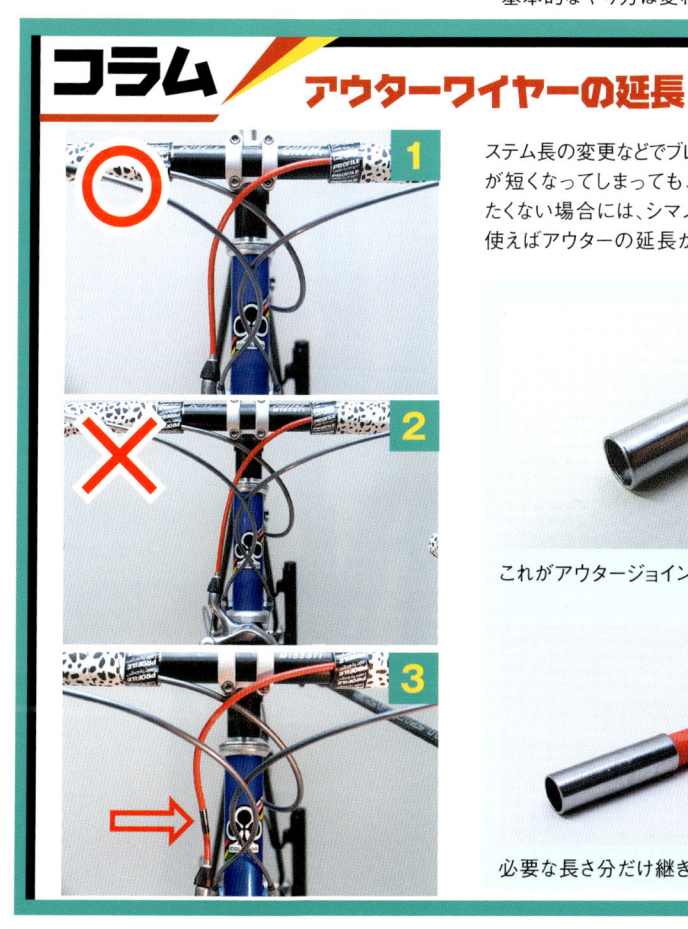

コラム　アウターワイヤーの延長

ステム長の変更などでブレーキワイヤーのアウターが短くなってしまっても、バーテープを巻き直したくない場合には、シマノ製アウタージョイントを使えばアウターの延長が可能。

1

2

3

4 これがアウタージョイント

5 必要な長さ分だけ継ぎ足す。

ブレーキアウターワイヤー交換

消耗品のチェックと交換

シフトワイヤー交換

Navigation

- 1 チェック
- 4 はずす
- 9 アウターワイヤーの準備
- 18 取り付け

作業時間 **20**分

補足説明ページ
- リアディレーラーチューニング　P44
- フロントディレーラーチューニング　P52

KEY WORD
- ●STIレバー内の構造を理解する。
- ●フリクションロスを最小限に

使用工具
- ・ワイヤーカッター　・カッター　・千枚通し
- ・HEXレンチ　・ニッパ

チェック

1 これは極端な例だがシフトアウターワイヤーはブレーキアウターと比較して経年変化に弱い傾向があるようだ。よくチェックして割れがある時はもちろん樹脂の柔軟性が失われているようなら交換しよう。

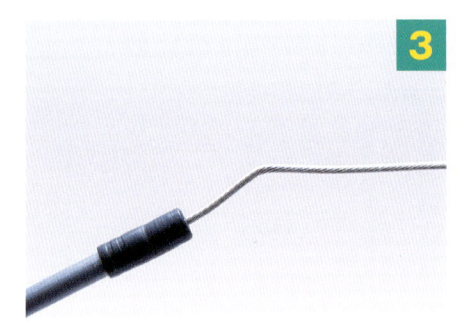

3 インナーワイヤーのすべりが悪いと思ったら、アウターワイヤーの中にくせのついた部分が入っていたなんて事もある。

2 リアディレーラー調整ボルト付近は使っているうちにアウターが曲がってしまう可能性大。ここも要確認。

はずす

4 左右のリリースレバーを押してインナートップにシフトする。これでシフトワイヤーが緩んだ状態になっている。

5 インナーワイヤーをカット。もしアウターワイヤーのみ交換の場合でも作業性を考えてインナーごと交換してしまった方が現実的。

6 ブレーキレバーを握る事によってシフトワイヤーのタイコが見えるようになる。完全にリリースしておかないとこのようにはならない。機種によってはカバーをとる場合も。

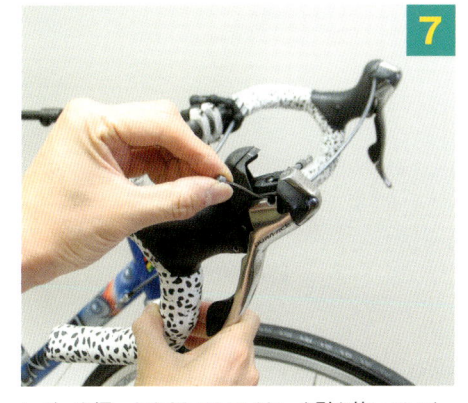

7 レバーを握ったままシフトワイヤーを引き抜いていく。

カンパ

8 カンパの場合はブラケットカバーをめくると・・・

シフトワイヤー交換

▶シフトワイヤー交換

アウターワイヤーの準備

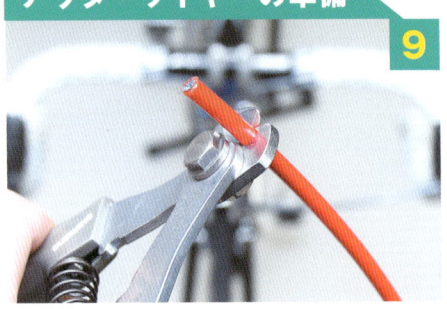

9 ブレーキアウターと異なりカットは必ずワイヤーカッターを使用する事。

10 カットした断面はこのように中のライナー（白い部分）がつぶれる事が多い。

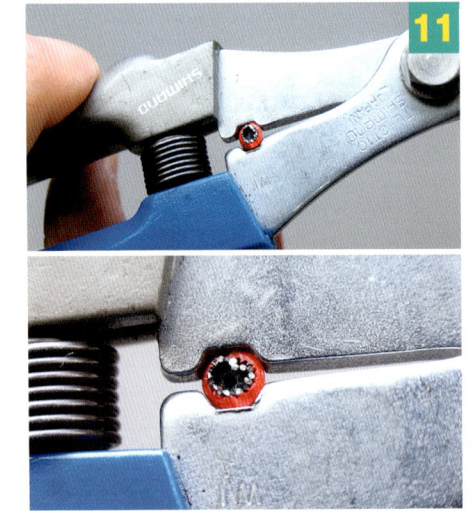

11 ワイヤーカッターのこの部分で形をととのえるとライナーが開く時がある。それでもだめなら…

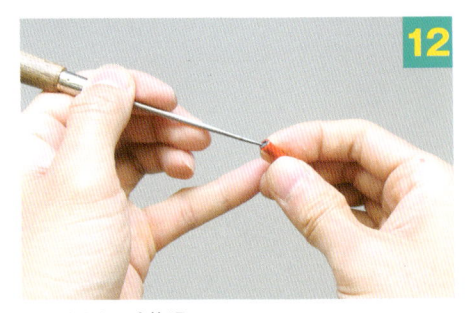

12 おやくそくの千枚通し。

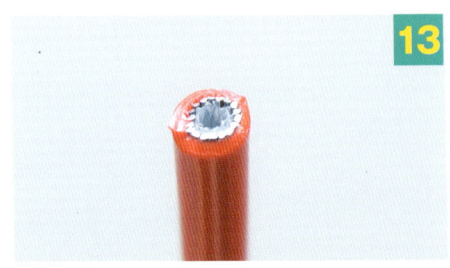

13 整形のできあがった切断面。もちろん両端とも行う事。

14 アウターキャップはアウターの種類によっても適合する物が異なる。今後も新規格が現れたりするだろうから、ワイヤーとのマッチングを確認されたい。ちなみに写真左はブレーキ用、シールドがなく動きがいいので筆者は個人的に愛用している。

シフトワイヤー長さの決め方　1

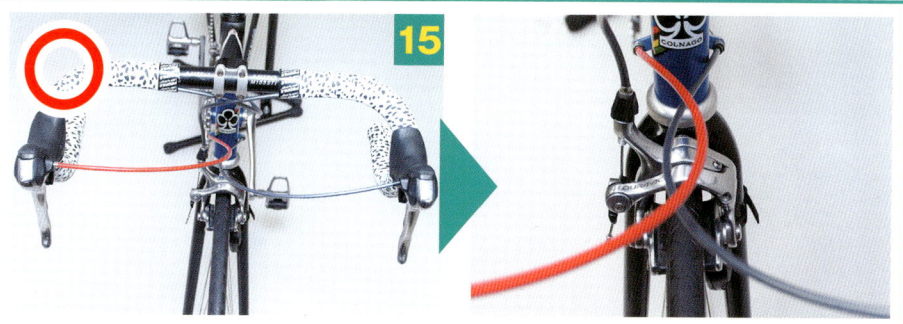

15 これで適当な長さ。

左右のアウター同士がほんの少し交わるぐらいになる。

16 ハンドルバーをいっぱいに切ってもギリギリ無理のない長さがGood。

乗車ポジションから見るとこんな感じ。

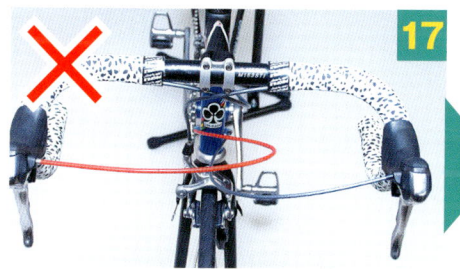

17 これでは長すぎる。長い方があとから調整がきくと考えがちだがこのようにセッティングするとインナーワイヤーの動きが悪くなるのでNGだ!

乗車ポジションからみるとこんな感じ

▶シフトワイヤー交換

取り付け

18

古いインナーを抜く時にリリースできているはずだが今一度確認。やっかいなのは下の写真のようにリリースできてなくてもワイヤーが入ってしまう事。中のメカを壊してしまう事にもなるのできちんと確認。

19

カンパ

このような体勢でインナーワイヤーを通していく。STIレバーセットに入っているインナーワイヤーはFRの長さが異なるので気をつけたい。(R用が長い)

20

タイコがきちんとおさまるまでキッチリ、ワイヤーを引く事。途中でブレーキレバーをはなしてしまうとインナーワイヤーに曲がりくせをつけてしまう事もある。

21

タイコがおさまった状態。

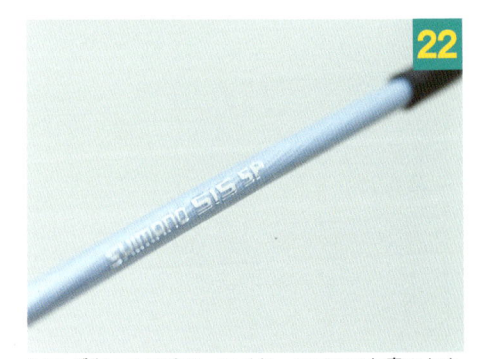

22

シマノ製シフトアウターワイヤーにはSISと書かれた側にデュラグリスをつめた物がある。このグリスはシフトをもっさりさせてしまうので是非抜いてしまいたい。

23 SISの表示と反対側からインナーワイヤーをつっこめばこのようにぬくことができる。最近はシフトワイヤー専用の白いグリスに変更されてきているが、こちらは問題なく使える。デュラグリスを抜いた際にはワックス等で潤滑を確保。

26 アウターうけにはグリスをつけてからアウターキャップがおさまるように。のちのちアウターうけは回すわけだし、ここには雨水などもたまりやすい。

24 アウターワイヤーの準備ができた所でインナーワイヤーを通していく。

27 ケーブルガイドにワイヤーを通す際も潤滑剤を使用する。

25 インジケーターをつける場合にはインジケーター内にケミカルが入らないようにする。インジケーター内は多少力を入れて通す必要がある。

▶シフトワイヤー交換

シフトワイヤー長さの決め方 2

28

29

アウターワイヤー内に潤滑剤を入れたらインナーワイヤーを通す。リアディレーラーの調整ボルト内にもグリス入れておく事。

リアディレーラー側のアウターワイヤーも長さが微妙だ。短すぎれば（下）ワイヤーが曲がってしまうし、長すぎても（上）フリクションロスが出る。

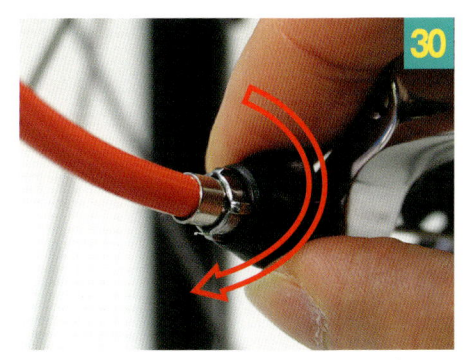

30 後で初期のびも出るので調整ボルトはいっぱいまで中に入れてしまう。

33 最後にワイヤーを切断し、キャップを取り付けて完了。

31 ワイヤー固定ボルトでワイヤーを固定するが次のページを参考に。レンチを回す際はリアメカを手でガシッとつかむ。

リアシフトワイヤーの固定位置 1

32 もしくはペダルを回しながらレンチを回してディレーラーをローの位置に。そうしないとチェーンをよじってしまう。

ワイヤー固定ボルトをはずすとワイヤーの通るミゾがほられている。このミゾに沿ってワイヤーを通すこと。(実際にはボルトをはずす必要はありません。)

シフトワイヤー交換　**117**

▶シフトワイヤー交換

リアシフトワイヤーの固定位置 2

間違えやすいパターン・1 　ワイヤーの通る位置が違っている。

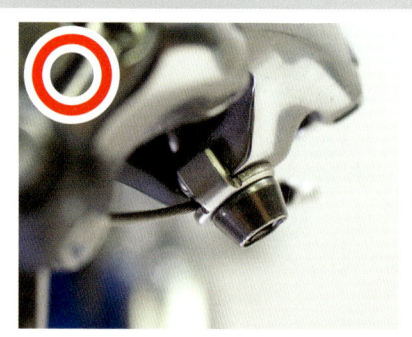

間違えやすいパターン・2 　ワイヤー固定板の角度が間違っている。

ディレーラーの裏から見るとこんな感じ。自称マニアも
よく間違えているので他人のマシンをチェックしてツッこもう!
フロントシフトワイヤーの場合はP55参照。

コラム／プーリーを変えてプチチューニング

　中級クラスのディレーラーに互換性のある上級クラスのプーリーを取り付けると効果的なチューニングができる。

　中級グレード以下のプーリーはプーリーの穴に金属パイプが通り潤滑剤で滑らせているだけなので潤滑が切れてしまえば常時抵抗がある状態で運用されることになる。

　プーリー内の潤滑剤は数回雨にでも降られれば流れてしまうのでちまたを走る中級グレード以下のマシンはすべからずプーリーの潤滑ができていない整備不良なマシンと言える。

　しかしこの件は全体から見れば抵抗が小さく、音もしにくいので見逃されているのだ。一方上級グレードのディレーラーに付いているプーリーはシールドベアリングが入った物が多くフリクションロスも少なく耐久性も高い。非力な脚力だけで走っているマシンにとってフリクションロスが減らせるのはたとえわずかであっても魅力的だ。

　このフリクションロスが少なくなる事にはもう一つメリットがある。自転車特有の動作としてコーナー手前でペダルを逆回しにする事がしばしば有る。こんなシュチエーションでもシールドベアリングが入ったプーリーは抵抗が少ないのでリアディレーラーが暴れない。トラブルが少ないのだ。プーリーに抵抗が有るとペダルを逆回しにした際にどうしてもリアディレーラーが前に引っ張られる。

　同時にフロントディレーラーからスプロケットに向かっているチェーンはたるむのでチェーンリングからチェーンが落ちたり、スプロケとガイドプーリー間にチェーンが挟まれるなどのトラブルを起こすことになる。

　このような激しい走りをする人や長距離走る人にとってプーリーをハイグレードな品に変えるのは大変理にかなった選択なのだ。

消耗品のチェックと交換

ブレーキシュー交換

Navigation
1 はずす　　14 リアも同様に
8 取り付ける

作業時間 **20分**

補足説明ページ
ブレーキの効きが悪い　　P58
ブレーキキャリパーのガタを取る　　P80
ブレーキインナーワイヤー交換　　P98

KEY WORD
- まずはしっかりクリーニング
- フロントフォークやシートステーを利用して効率良く力をかける

使用工具
・HEXレンチ又は+ドライバー　・プライヤー　・パーツクリーナー
・マイナスドライバー　　　　　　・プラスティックハンマー

はずす

1 まずはブレーキ周辺をさっとクリーニング。ブレーキ周辺は泥やブレーキシューかすなどで汚れがち。急がば回れでまずはクリーニングから。

2 固定ネジをはずす。

3 どうせ廃棄してしまうシューなので、プライヤーでガシッと掴んで引きずり出そう。この写真だと右手でフロントフォークを握り、親指でプライヤーを押しているのがミソ。

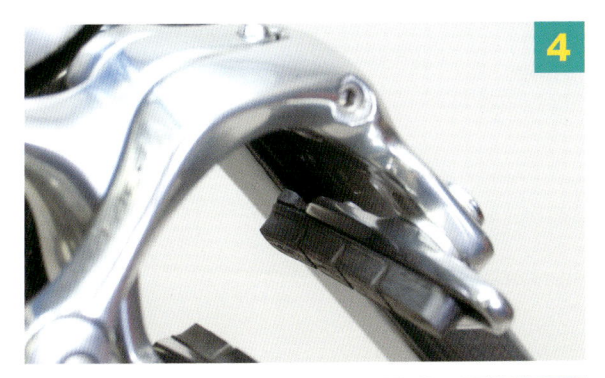

4 フロントブレーキは、シューとフロントフォークが当ってしまう場合がある。作業がやりにくくかったら、ブレーキキャリパーをフォークから外した方が良い。

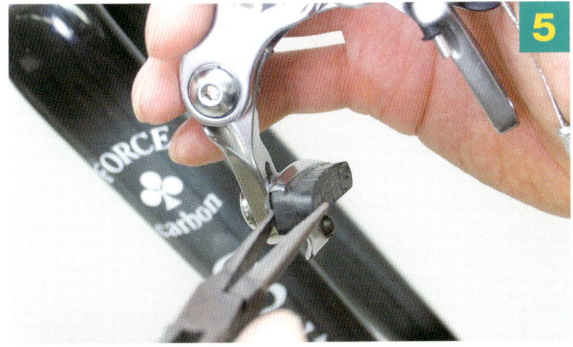

5 削れ過ぎてプライヤーで掴めないものは、ラジオペンチを使う手もある。

6 このように力を入れるのも一案。とにかく外れにくい時はあれこれ試してみるとよい。

7 外れたらミゾ部分をしっかりクリーニング。少しでもゴミが入っていると後で苦労させられる。

▶ ブレーキシュー交換

取り付け

8 シューをはめていく。あらかじめパーツクリーナーや水を吹くなどして滑りを良くしておく。方向を確認したらクリーナー液等が乾かないうちにさっと入れる。

9 グッと入れても中で止まるようであれば、プラスティックハンマーで叩いてみよう。ガンガン叩くとシューが折れたり、ブレーキキャリパーに悪影響を及ぼしたりするのでほどほどに。

10 それでも入らなかったらあきらめて一旦はずす。新品シューを傷めるわけにもいかないので、キャリパーをフォークに付け直してドライバーではずそう。

11 再度舟の内側に異物がないかチェック。一応シュー側もチェックしたら再度パーツクリーナー等を吹いてシューをはめる。

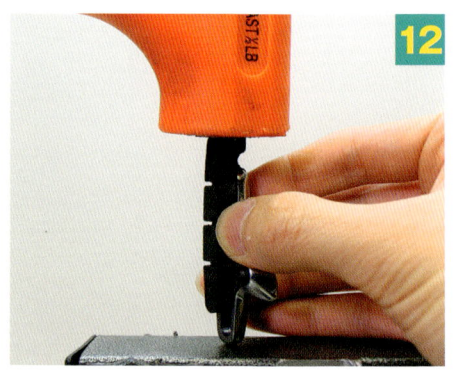

12 どうやっても入らないという場合には、舟をはずしてハンマーで叩いて入れる方法もある。

13 **OK 完了** シューを最後まで入れる。ほんの数ミリずれていても固定ネジが入らないのできっちり入れよう。入ったら固定ネジを戻して完成。

14 リアも同様。フロントより作業性がよいので、フロントでめげた人はリアを先にやって自信をつけるとよい。

15 リアはキャリパーを外さずに作業ができる。

16 はめる時は、シートステーを握ると力を入れやすい。入りにくいシューを無理矢理力ずくで入れようとするとシューが折れたりするので気を付けよう。
固定ネジを取り付けて作業完了

消耗品のチェックと交換

バーテープ交換

Navigation
1 はずす
2 巻く
3 端末を仕上げる

作業時間 **20分**

補足説明ページ
ブレーキアウターワイヤー交換 P102

KEY WORD
●清潔第一
●上手に行かなくても次があるさ

使用工具
・カッター ・マイナスドライバー
・はさみ   ・(両面テープ)

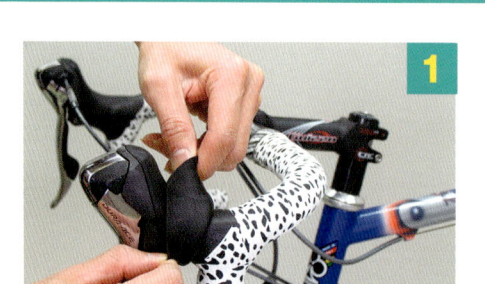

1 ブラケットをカバーめくる。

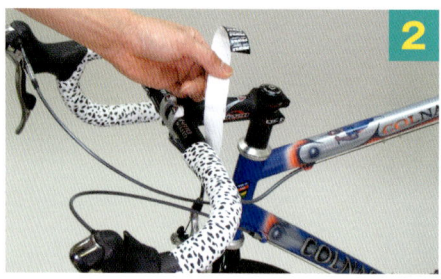

2 バーテープの巻き終わりがどこなのかを確認してほどく。ステムよりまたはエンドからが一般的だが、ブレーキブラケット内を巻き終わりにしている場合もある。

3 エンドキャップはマイナスドライバーなどでこじれば外れる。

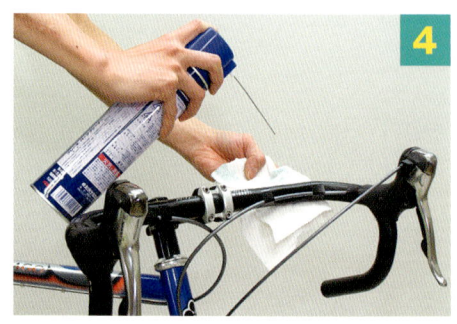

4 完全にきれいにはがれない場合もあるが、どうせ上から新しいバーテープを巻いてしまうのだから気にしないでいこう。クリーニング&脱脂も行う。

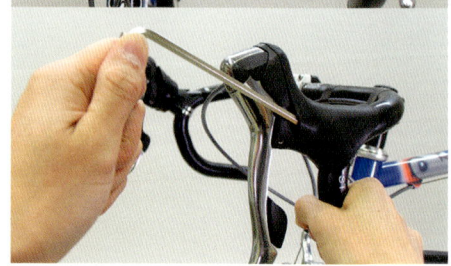

5 ブレーキアウターワイヤーのチェック&交換はこのタイミングで。カンパの場合、シフトも関わってくる。ブラケット位置の調整もこのタイミングがチャンス。

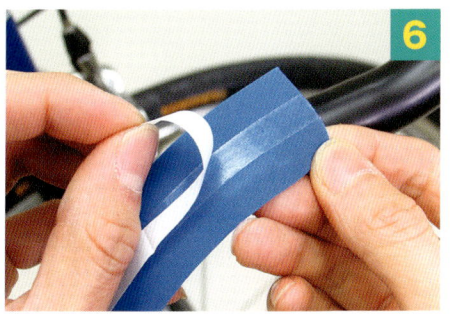

これから巻くバーテープに両面テープが付いているか確認する。これは付いているタイプ。

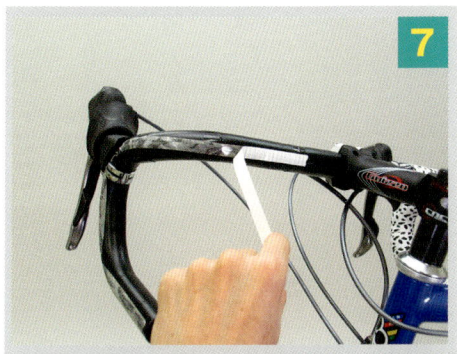

バーテープ側に両面テープが付いていない場合にはハンドルバーの要所にあらかじめ両面テープを貼っておくことをお薦めする。強力タイプを使うと、はがす時に苦労するので普通のものを。

写真は両面テープなしのバーテープを巻く様子。ハンドルバー側に両面テープを貼ったので安定した作業ができる。
手慣れた人が作業をすると両面テープがなくてもきちんと巻くことが出来る。その場合は、はずして洗えるタイプを使う事も出来る。

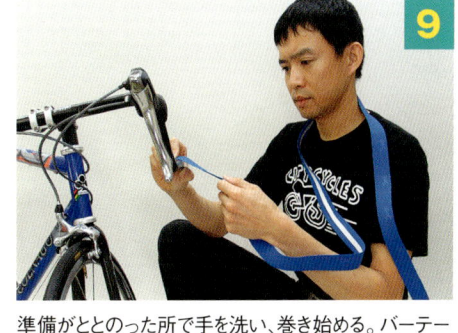

準備がととのった所で手を洗い、巻き始める。バーテープをこのように首にかけておくと汚さずにすむ。

スタートはここから。後でエンドキャップを取り付ける時にバーテープも一緒に巻き込むので一周目ははみ出るように巻く。

巻く方向はいろいろな説があるが、どちらに回しても巻き方がしっかりしていればゆるむことは無いようだ。

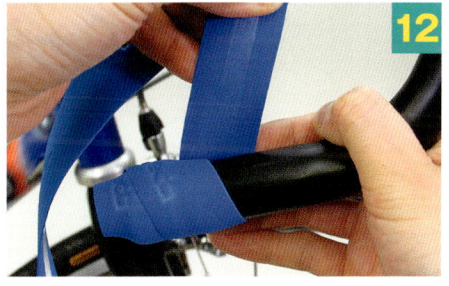

その後は1/3程度ずつ重なるように巻いていくこと。バーテープは微妙に引っ張りながら巻いていく。

バーテープ **125**

▶ バーテープ交換

13 両面テープの台紙は、数回巻くたびにちぎっていくと作業しやすい。慣れてくると始めから台紙をすべて取ってしまっても作業できるようになる。

14 直線部分から曲線部分に差しかかったところ。巻くピッチの違いに注目。曲線部分の内側は当然詰まり気味になる。

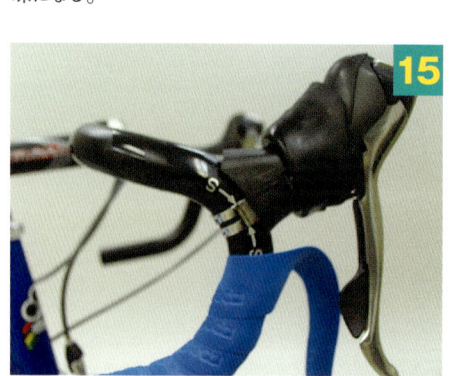

15 ブレーキブラケット付近まで来たら…

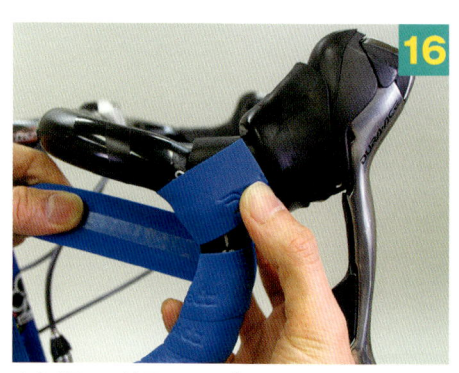

16 小さく切った付属のテープを巻き込んでいく。

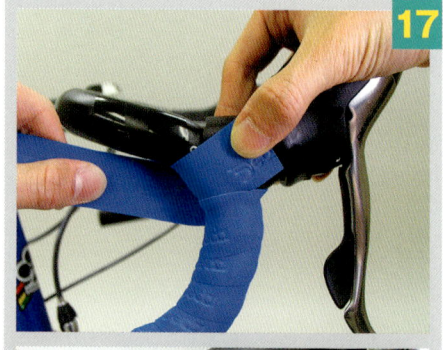

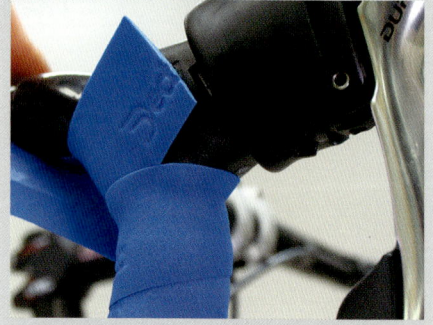

17 ブレーキブラケットに少し掛かるように巻くのがコツ。

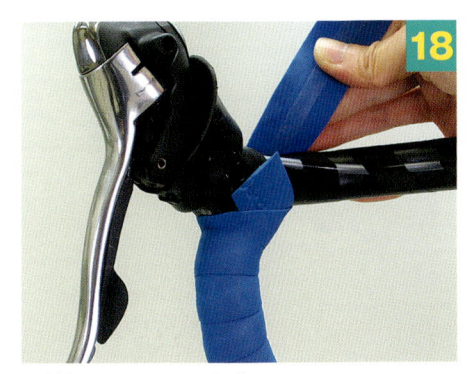

18 反対側から見るとこんな感じ。

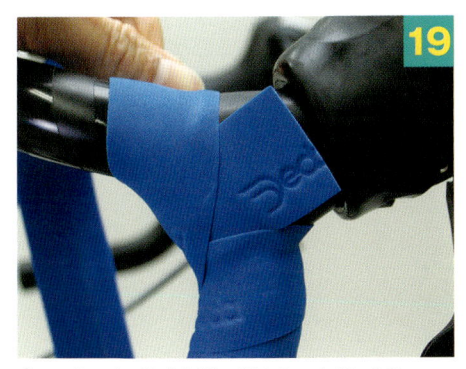

19 少しひねりながらすき間の開かないようにする。

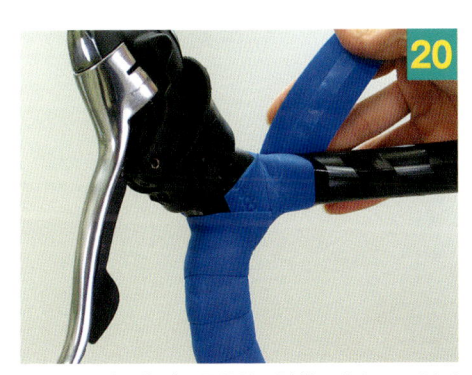

20 バーテープの伸びや柔軟性を計算に入れて、ピタリと仕上げること。

カンパ

21 カンパはブラケットの形状が異なるので巻き方を一部シマノと変えなければならない。ブラケット下ではブラケットにバーテープが掛からないように。

22 ブラケット内にスイッチがあるタイプでは、バーテープに加工が必要な場合がある。年式、メーカーによってスイッチの位置などもさまざまなので、ケースバイケースで対処しなければならない。

バーテープ 127

▶ バーテープ交換

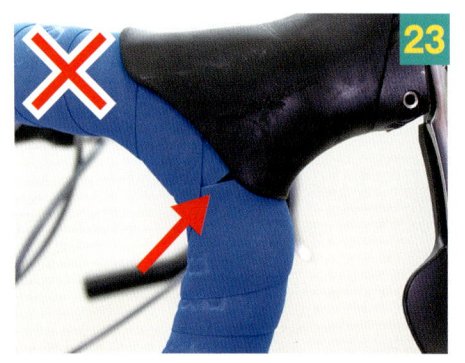

23 すき間が開くとこのように。これでも実用上は支障が無いが、なんとも格好悪い。

24 バーの上部を巻く時は、フロントホイールを足で挟むスタイルもGood。自分のやり易いやり方を考えてほしい。

25 巻き終わりの位置を決める。通常はバーが太くなるところだが、ライト等が多い場合は多少早めに終わらせてバーの露出が多い方が良い場合もある。

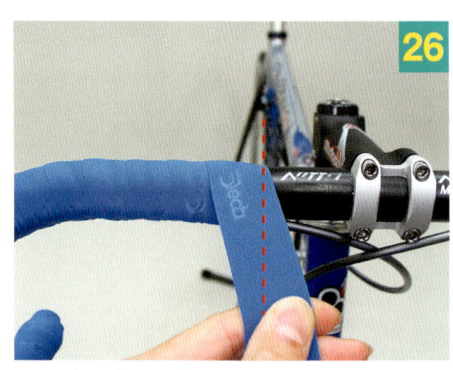

26 目測で切る位置を確かめて、

27 スパッとハサミを入れる。

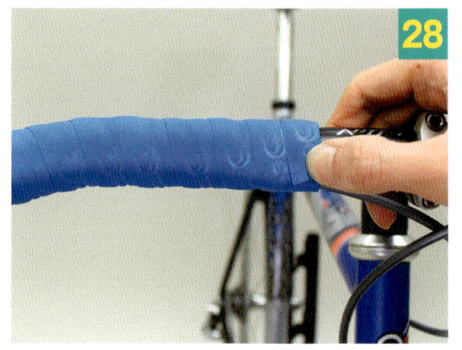

28 巻いてみて確認。場合によっては修整となる。

29 セロテープなどで固定する。

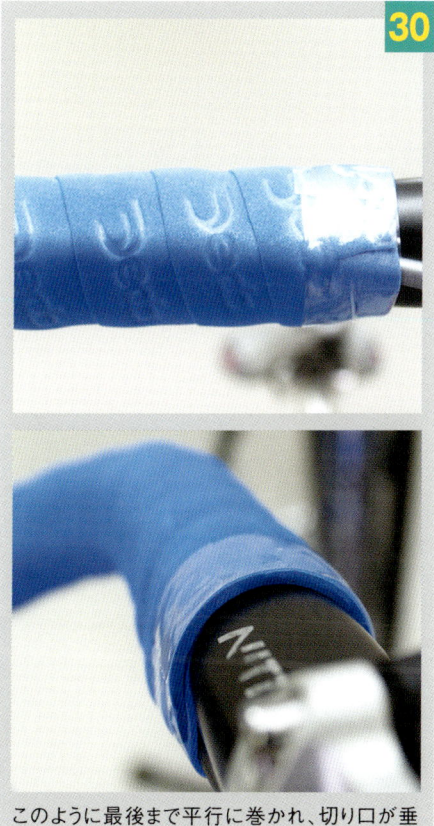

30 このように最後まで平行に巻かれ、切り口が垂直に仕上がるようにする。

31 付属している飾りテープを貼る前に、巻き終わりが下になるようにするにはどこからスタートしたら良いか確認する。まずは下からあがって、

32 くるりと回して、

33 ここからスタートすればいいはず。

バーテープ 129

▶ バーテープ交換

34 台紙をはがしてさっそく巻き直す。

35 予想の通り、真下に巻き終わりがきた。

36 ブラケットカバーを戻しておく。

37 巻き始めの部分を内側に巻き込んでエンドキャップをはめます。

38 全周をきれいに巻き込んで…

39 プラハンで軽く叩いてやれば収まる。完成。

OK 完了

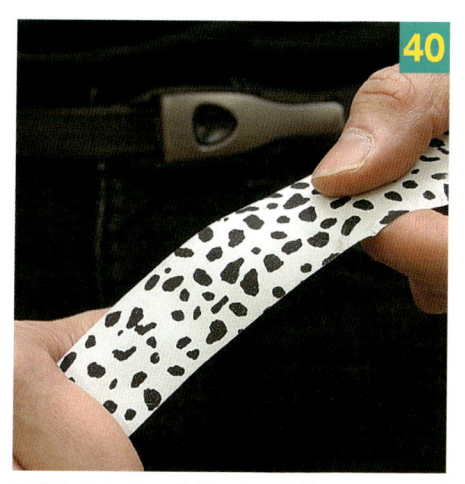

これでちぎれる寸前

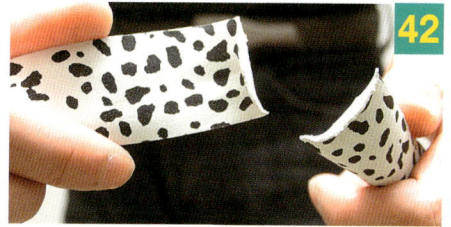

終わったな…

廃棄するバーテープがあったら後学のためにもちぎれるまで引っ張ってみるといい。写真ぐらいに引っ張って巻くのがGood！

バーテープは各社からさまざまなタイプが販売されている。交換すべき時がきたらぜひ他の種類のバーテープも試してもらいたい。バーテープ交換は自分に合った一品に出会う良い機会だ。

現在最も一般的なタイプ。コルクを配合した物もあり、これを含めてコルクバーテープと呼んでいる傾向がある。

表面に滑り止め加工がされている物もある。手に汗をかきやすい人には良いようだが好き嫌いで決めよう。

ゴルフクラブなどのグリップ部と同素材のタイプもある。こちらはピタリと貼り付くような感触。

昔ながらのコットンタイプは、汚れやすいのとクッション性が期待出来ないのが欠点だが、クロモリのクラッシックロードや手の小さい人用には十分価値のある一品。

消耗品のチェックと交換

チェーン交換

Navigation

チェーン交換
- 1 はずす
- 8 計測
- 16 取り付け
- 29 接合部のチューニング

作業時間 **15**分

補足説明ページ
- チェーンのチェック方法　P22
- プーリー交換　P150
- チェーンリング交換　P140
- スプロケット交換　P146

KEY WORD
- ●長さ測定は必ず実施
- ●アンプルピンの押し込み具合がキモ
- ●接合部の動きは他のリンクと同等に

使用工具
チェーンカッター

はずす

1

床が汚れることが予想されるので、あらかじめ新聞紙を敷いておくのがモアベター。

2

まずはインナートップにシフトチェンジし、その後クランクを逆回しにしながらチェーンをBBよりに落としてチェーンをたるませる。

3

アンプルピン以外の場所でカッティングを行う。段数に応じてチェーンカッターにも適応する、しないがあるので要チェック。

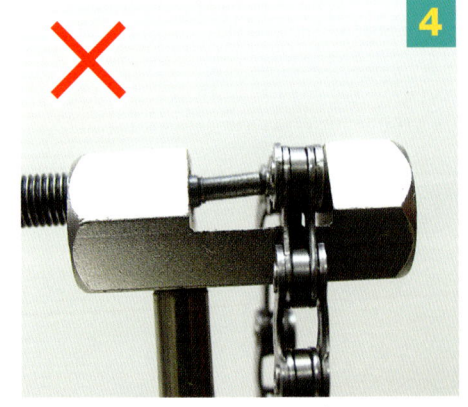

4

チェーンカッターの矢は、まっすぐに当てないとこのように歪んでしまう。カッターの矢が折れたら、矢だけでも販売されている。

5

チェーンカッターのハンドルを時計方向に回して行く。
時々抵抗があるが気にせず進める。

6

抜ききったピンは再利用は出来ないので破棄。
ハンドルを緩めればチェーンがはずれる

7

チェーンは手で触ると汚れるのでペンチなどを有効
利用しよう。

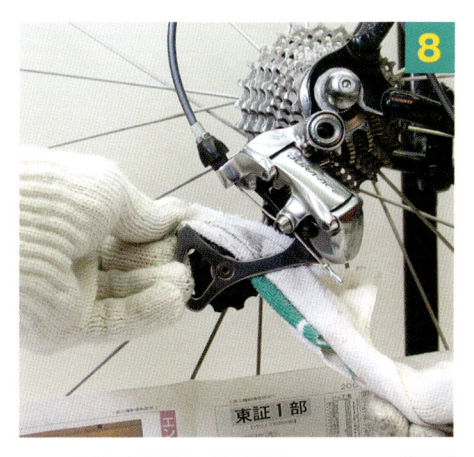

8

9

チェーンをはずしたタイミングは、前後ディレーラーを
クリーニングする良い機会。プーリーのチェックもこ
のタイミングで行うとよい。その他、各パーツのヘタ
リ具合やチェーンリング、チェーンステーのクリーニン
グなど出来そうな事を実施しよう。

チェーン交換　133

▶ チェーン交換

シマノ式　計測

10 取り付け前にチェーンの長さを調整。まずはシマノの取説にあるやり方。前後とも一番大きなギアにチェーンを掛けてピンと張り、その長さに+2リンクで切る。

11 これで2リンク。ピンと張って微妙なところだったら長めになるようにセッティング。

12 歯からチェーンが落ちかけているのに気が付かないまま計測してしまう事がある。

カンパ式　計測

13 カンパの取説では、チェーンをディレーラーに通して前後とも最小ギアに入れ、チェーンがギリギリ張る長さにもっていく。

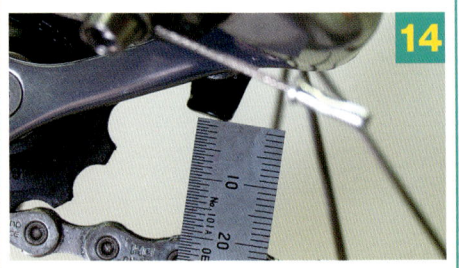

14 ここが15mm以下に。このやり方でもシマノとほぼ同じ長さになる。筆者はこちらの方が作業生が良いので、もっぱらこの方法を使っている。写真では20mmあるが、リアスプロケットをワイドレシオにしてなければこの位の誤差はノープロブレム。

15 ロードバイクの場合、2〜6リンクの長さを調整するはず。当然のことながら、長さ調整をしないでチェーンを付けてしまえば長過ぎてインナートップではチェーンがたるんでしまう。（写真は6リンク）

取り付け

16

不要なチェーンを切ったらいよいよ通していく。チェーンを通すのはリアディレーラーからを薦めている。まずリアディレーラーのこの部分を通していくが、チェーンはアウタープレートから入れていく。
アウタープレートから通していくのはチェーンの接合の時の方向を合わせるため。

17

次のチェックポイントはリアディレーラーのこの部分。この突起の内側を通す。

18

反対側から見るとこのように。これでも走れてしまうのでコワイ。

19

リアホイルを手でビュッと回せばチェーンがツーっと入っていく。

20

そのままフロントディレーラーに通そう。

チェーン交換 **135**

▶ チェーン交換

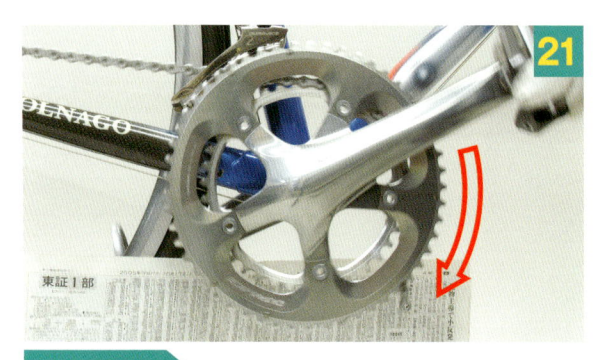

21 先頭がチェーンリングに乗ったらクランクを回していく。適度にチェーンが通ったらチェーンリング内側にチェーンを落とそう。

接合

22 アンプルピンを差し込む。カンパは反対側（ホイール側）から挿すよう指定されている。作業しにくいようならホイルを抜いてしまおう。
カンパはカンパ純正品のチェーンカッターを使いたいところだが、無理ならシマノ9S用が相性が良い。

23 チェーンカッターでアンプルピンを押し込む。チェーンがきちんとチェーンカッターに収まっていないとピンがまっすぐ入らないので注意しながら。はじめはゆっくりと。

24 固定を確実にするため、ピンには段が付いている。圧入中にもカッターに手ごたえがあるがまっすぐ入っているなら気にせず進める。となりのピンと同じ位まで押し込んだらチェーンカッターを取り外す。

| 25 | ピンのツラ位置に問題が無いか確認する。 |

| 26 | ピンの押しが足りないままだとこのようになってしまう。 |

| 27 | 余ったピンはチェーンカッターのこの部分に差し込んで…。 |

| 28 | 水平方向にひねって折る。もちろんプライヤーなどを使用してもかまわない。 |

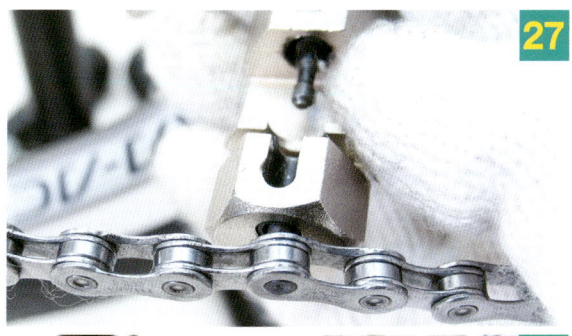

▶チェーン交換

接合部のチューニング

29 動きが悪いようなら、アンプルピンを握ってこじる。結構力を入れても平気なので、グイグイ行こう。指の力だけでは力不足だ!

30 こじってだめなら再度チェーンカッターを取り付けて、少し押してみる。当たり前だが押し過ぎるとピンが入ってしまうので微妙な力加減が要求される。

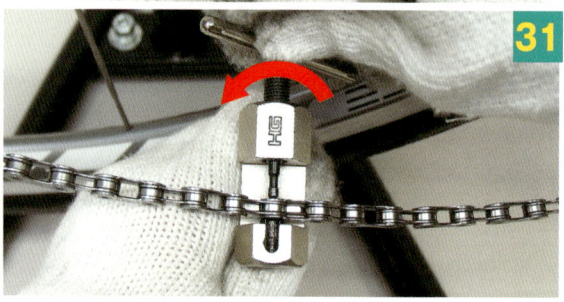

31 行き過ぎたようなら反対側から押すのもアリ。

32 良ければリアディレーラーを押さえながらチェーンをインナーギアに乗せて完了!

完　了

コラム チェーン交換時のトラブルあれこれ

チェーンの長さの調整の際にチェーンカッターをきちんとはめずにリンクを傷めてしまう場合がある。信頼性を考えるとこのリンクは使うべきではないだろう。

アンプルピンにも種類が多数あるので付属品以外を使う場合は良く確認すること。もちろんシマノ、カンパ間に互換性はない。

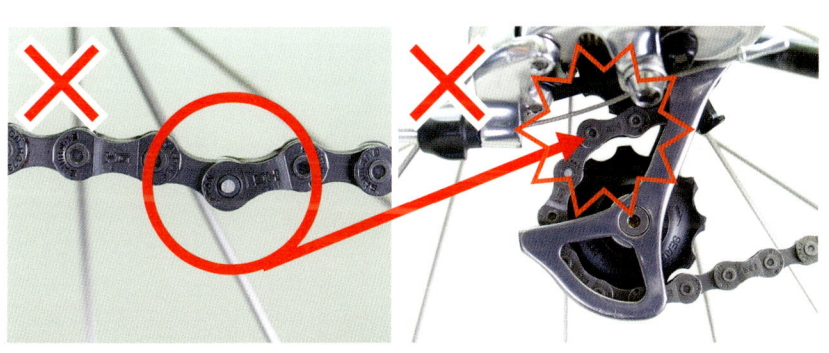

動きが悪いまま運用しようとしても、リアディレーラーから異音がするのでわかるはず。

チェーン交換

消耗品のチェックと交換

チェーンリング交換

Navigation
1. はずす
2. 取り付ける

作業時間 **10分**

KEY WORD ●歯で手を切らない

補足説明ページ
フロントディレーラーのチェックとチューニング　P52
チェーン交換　P132

使用工具
・HEXレンチ
・ペグスパナ

はずす

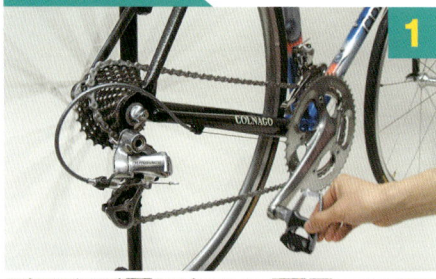

1

インナートップに変速後、チェーンをBB側に落としてチェーンをチェーンリングと干渉しないようにする。

2

まずはHEXレンチだけで緩めてみる。片手でペダルをしっかり保持して作業すること。

3

高トルクで締め付けられている場合には、このように延長パイプを噛ませた方が良い。高いトルクがかけられるとともに、チェーンリングの歯から手が離れて怪我の防止になる。

4

ナットが回ってしまってHEXレンチだけでは緩まない時には、ペグスパナを使う。片手でクランクを押さえることが出来なくなるので…

140　チェーンリング交換

5 左クランクをトーストラップで固定。作業環境を整える。チェーンリングで手を切るのは自転車いじりでの怪我の一番の原因では無いだろうか？油断大敵である。

6 こうすればクランクが不用意に回ったりしないので、安心して作業できる。

7 少し緩めばあとはスルスルと取れるのでレンチを持ち変えて効率良く。

8 アウター / インナー

ボルトナットが取れても固くはまったチェーンリングは外れない時がある。無理に力を入れると手を切ったりするので、プラハンで軽く叩いてやろう。

チェーンリング交換

▶チェーンリング交換

取り付け

9

新しいチェーンリングは出来れば同じ銘柄を。規格が合っていてもアーム部とのマッチングが合わないとカッコ悪くなってしまう。

10 注目

インナー、アウターとも取り付け位置は決まっているので確認すること。

11

お約束のグリス。チタン製を使う場合には、専用のケミカルを使用すること。

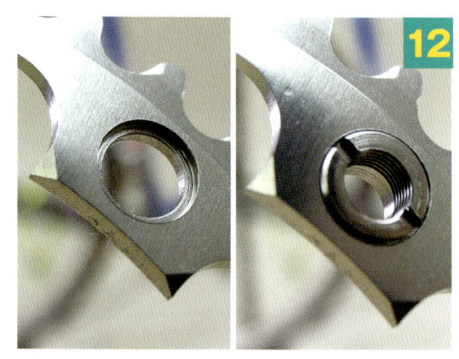

12

ボルト、ナットともチェーンリングに収まるように組み付けること。

13

クランク位置とチェーンリングの指定位置が合っているかチェック！

ササッと仮締したら…

ペグスパナでナットの角度を揃えてやると通な感じになる。

本締めはご存じ星形に締め付けていく。一度に行わずに3回位かけて徐々に行うこと。

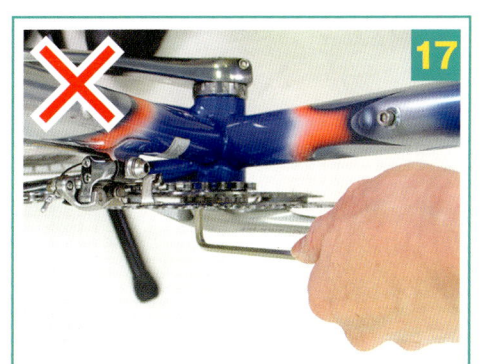

力を入れる際には万一レンチが外れてもチェーンリングの方向に手が行かないように気をつけること。このような手つきだと危険だ。

このような手つきで作業すれば不用意にレンチが外れても怪我をしないで済むだろう。

延長パイプを噛ませばさらに安全。

チェーンリング交換 **143**

▶チェーンリング交換

取り付け

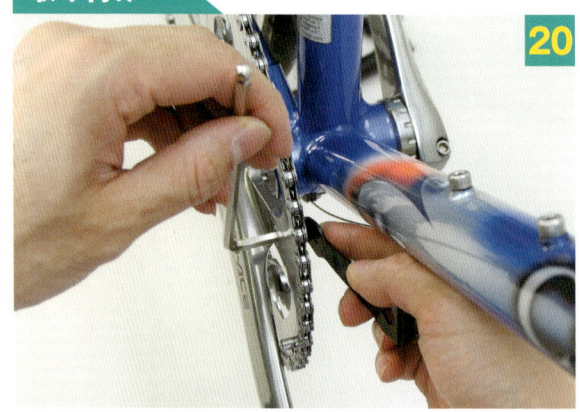

20 力を入れている時に万一スパナがはずれても手をチェーンリングの歯で切らない方向に力を入れる。

21 最後に確認。チェーンをのせないまま、クランクを回転させてチェーンリングに歪みが無いか、ボルトナット間に異物が噛んで無いかも確認。

22 リアディレーラーを前方に持っていき、チェーンをインナーにのせれば作業完了。

OK 完了

コラム

歯数を変えた時の注意点
- フロントディレーラーの高さを変更しなければいけない。もちろんシフトワイヤーのチューニングもやり直しになる。
- チェーン長さも変更の可能性有り。例えばチェーンリングを大きくするとチェーン長さが足りなくなる可能性有り。

インナーもしくはアウターのみ交換の時
- キャパシティのチェックをしておく。
- インナー、アウターの組み合わせに指定があるものは合わせること。合わせなくとも使用可だが、変速性能は落ちてしまう。

コンパクトドライブにした時の注意点
- フロントディレーラーの高さを変更。直付けの場合には台座の加工が必要。コンパクトドライブ用のフロントディレーラーがある場合はそちらに変えた方が変速レスポンスも良く、チューニングも楽だ。

シマノ製ペグスパナの不思議
- シマノ純正工具であるTL-FC20ペグスパナはなぜかナットにうまくはまらない。筆者は右のようにグラインダーで削って使用している。

消耗品のチェックと交換

スプロケット交換

Navigation
1 はずす
8 取り付け

作業時間 **10分**

補足説明ページ
チェーンのチェック方法　P 22
リアハブ　P 76
チェーン交換　P 132

KEY WORD
●ロックリングは高トルクで

使用工具
・スプロケット戻し工具　・モンキーレンチ
・ロッキング戻し工具

はずす

1
クイックシャフトを抜いて中空シャフトおよびロックリング内側をクリーニング。

2
スプロケット戻し工具を取り付ける。どの段でもかまわないが、ローに掛けた方がこの工具とスポークを一緒に握る時にやりやすい。

3
ロックリング戻し工具を取り付ける。モンキーを使用しても回せるが、出来たらメガネレンチを使用したいところ。シマノ純正なら24mmが、パークなら同社から専用スパナが発売されている。

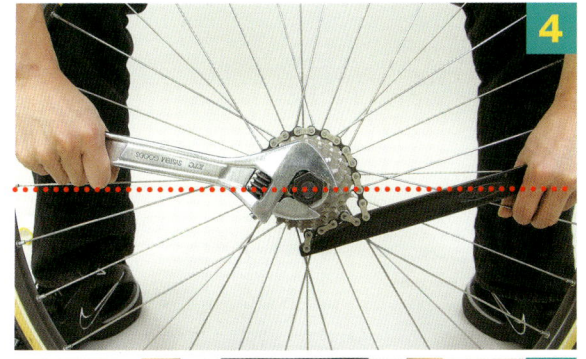

4 体勢はこのように。ハブシャフトを中心に左右のこぶしが水平になる時が一番力を入れやすい。

5 腰を入れて作業すること。

6 膝をついて姿勢を安定させるのもGood。

7 ロックリングがはずれればスプロケットがすべて抜ける。

▶スプロケット交換

取り付け

8 フリー部分はパーツクリーナーを軽く吹いて、古い歯ブラシ等でクリーニングをしておく。

9 スプロケットとフリーの形状を合わせてはめていく。スペーサーを入れる順番を間違えないように。

10 ロックリングのスレッドにグリスを付けてから取り付ける。ロックリング戻し工具で回すとやりやすい。

11 本締する前に、間違いが無いか再度チェック。この写真では3rdと2ndギアが逆になっている。アブナイアブナイ。

12 本締めの時にはスプロケット戻し工具は不要。右手でホイル外周を、左手でスパナを持って水平位置でしっかり締め込むこと。ガリガリ音がするが正常。

13 タイヤの空気圧が低いと力が逃げてしまう。本締め前に空気圧のチェックを!

OK 完了

ローギアを大きくした場合の注意点
- ディレーラーのキャパシティーを超えていないか確認すること。
- チェーンの長さはローギアの歯数が増えた分追加しなくてはいけない可能性がある。
- ローギアとガイドプーリーが干渉する可能性が高いのでBテンションボルトを調整(締める)する。

ローギアを小さくした場合の注意点
- チェーンの長さはローギアの歯数が減った分つめなければいけない可能性がある。
- ローギアとガイドプーリーの間隔が開いてしまうので、Bテンションボルトを調整(緩める)する。

消耗品のチェックと交換

プーリー交換

Navigation

1 チェック方法
6 取り付け
9 計測

作業時間 **15**分

補足説明ページ
フロントディレーラーのチェックとチューニング　P 52
チェーン交換　P 22

KEY WORD
●上下、回転方向を間違えない。

使用工具
・HEXレンチ

チェック方法

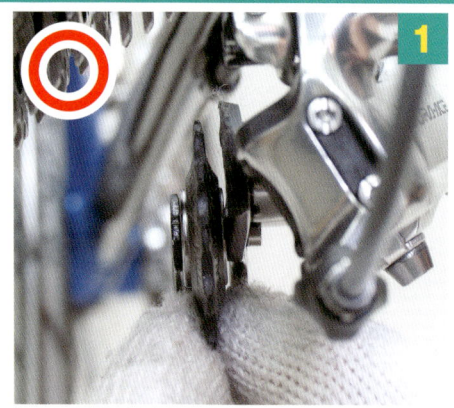

1 ○
2 ×
○
×

ガイドプーリー（上のプーリー）は左右にガタがあっても正常。これはグレードにかかわらずある。

よじれるようなら要交換。プーリーの歯が削れても交換である。

150　プーリー交換

外す

3 チェーンの交換の時と同様にインナートップにシフトチェンジ後、BB側にチェーンを落としてたるませる。

4 プーリーボルトを上下とも外す。

5 左右のプレートともクリーニング。

取り付け

6 ガイドプーリーから取り付ける。まずは写真のような状態に仮止めする。

7 チェーンをこのように通す。左プレートの突起部分内側を通るように。

8 左プレートを回しながらテンションプーリーでチェーンを押していく。テンションプーリーが所定の位置にきたら、プーリーボルトをはめる。

プーリー交換 **151**

▶プーリー交換

9 テンションプーリーには回転方向の指定があるものも有る。回転方向が逆だと異音の元になるので要チェック。

10 動きを確認して完成。

コラム

右がデュラエース、左は105の各テンションプーリー。デュラエースはシールドベアリング付きだが、105はただの穴にパイプがあるだけ。当然のことながら回転も寿命も違う。

カンパ カンパでも基本的なリクツは同じと考えて良い。上下プーリーは異なるし、テンションプーリーには回転方向も指定されている。

ホイールトラブルの処方箋
―― 154p

あとがき
―― 159p

ホイールトラブルの処方箋

　ホイールはスポークのテンションによって応力に対して円形を保てるようになっています。このスポークの張りを調整することで若干の修正も可能です。
　リムが振れる原因は大きく分けて三つです。
　一つは元からホイールの品質が悪かった場合です。
　ホイール品質にはそのホイールすべての構成部品の素材、加工、処理、精度や最終的なホイール組の良否まで含まれます。
　たとえば4万円程度で販売されている完成車のホイールに高い耐久性や精度を求めても無理と言う物です。このようなマシンで長距離を走るとまずスポークが徐々に折れてきます。
　スポークをすべて交換してもじきにハブにガタが出ますしリムのつなぎ目にも不具合が出たりしますので最初から相応の品質のホイールに交換してしまった方が良いでしょう。
　また高級品にも当たりハズレがあります。当たりがくれば何も考えないで良いですがハズレを引いてしまったらこれも経験と思ってホイールバランスの調整や、ハブの玉当たり調整をしてみてください。
　二つ目には使用上の経年変化による物です。スポークのゆるみによるホイールバランスの悪化はどのホイールにもあることですのでホイールも元々メンテしながら運用する物と思っていればどうということもありません。
　緩み止め材を使用してニップルを緩まないようにする方が良いという意見もありますがつけすぎてニップルが回らなくなったり、または回っても回転が重くてニップルを痛めてしまったりとそれなりに経験が必要な作業です。
　以前に専門店で緩み止めをつけてホイールを組んでもらったがいざ調整をしようとしたら回らないという案件が持ち込まれました。どうやら強めの緩み止め材をたっぷり塗ってしまったようで組んだときは回ってもしばらく時間をいたらまったく回らなくなってしまったようなのです。結局スポークをすべて切断して組み直しました。
　結局メンテしながら乗り続けるという考えであればグリス使用が良いでしょう。
　三つ目は事故等の外からの力が原因の場合です。

交通事故などでぶつけてしまった場合はもちろん、倒されて踏まれたりしてもゆがむ場合があります。
　このような場合でも多少の振れはスポークテンションの微調整で修正可能です。
リムがゆがんだ場合にはリム交換になります。
　また振れが無くてもリムサイドに傷が入ってしまった物はブレーキに影響が出ますので要交換です。

　それではホイールの構成部品であるハブ、リム、スポークのそれぞれについて説明していきます。
　スポークは金属疲労によってある時点で全部交換になります。
　交換までの走行距離はまちまちで何キロ走ったら交換というわけではありませんが傾向としては下記のようになります。
　走っている路面がきれいな場合など機械的衝撃がすくない方が寿命が長い。
　路面に応じてホイールへの加重を加減している場合は寿命が長い。例えば高速で走行中に段差をさけて通ったりさけられないのならジャンプ＆膝でショックを吸収しながら着地する等のテクがあればホイールのダメージを軽減できる。
　タイヤ空気圧もむやみにマックスにせず適度な圧を維持すればタイヤが路面からの衝撃を吸収してくれるので寿命は延びる。
　タイヤが太い方が寿命が長い、スポークの本数が多いほど寿命は長い、エアロホイールの方がホイールが縦方向にゆがみにくく多くのスポークに力が分散されるので他の条件が同じなら寿命が長いという傾向がある。
　近年増えつつある完組ホイルは構造上ストレートスポークを使用したりしてスポーク折れを減らそうとしているがスポーク本数が少ない場合が多いので単純にスポーク寿命が長いとは言い難い。
　スポークが全体的に金属疲労を起こしていると次々にスポークが折れていく。まず折れるのはリアホイールのフリー側である。
　リアホイールのフリー側はおちょこ量の関係からスポークテンションを上げなければいけないので必然的に大きな力が常時かかっているからだ。

ホイールトラブルの処方箋 155

ホイールトラブルの処方箋

　リアのフリー側がこれといって衝撃や物が挟まったりすることもなく自然に折れたようならスポーク全体が金属疲労を起こしている可能性が高い。
　この場合対処方法は2つ。
ひとつは折れたスポークのみ交換してそのまま使用する。もう一つは全体のスポークがへたっている（金属疲労を起こしている）と判断して全取り替えをする。
　どちらにするかは諸々の要素を考慮して判断しなければいけない。
　スポークをすべて交換するという事はリムもハブも単体になるので場合によってはリムや、ハブを交換しようという判断も可能になる。
　リムもハブも交換となるとすべて交換になってしまうので安めの完組ホイールを買ってしまうという判断も合理的な状況になってしまう。
　上記とは異なり物を挟んだりしてスポークを折ってしまう場合もある。この場合はそのスポークのみを交換すれば修理可能である。
　新しいスポークを刺し直しテンションを掛けていってホイルバランスがとれたところで他のスポークと同等のテンションであればリムに異常なしと判断して良いだろう。逆にほかのスポークとあまりにテンションが異なってしまうようでは残念ながらリムがゆがんでしまったと考えられる。
　スポークテンションに関しては測定器を使用して絶対値を測定することも可能であるが高価な品なので触った感触で判断するのが現実的。このとき注意しなければいけないのはどれが正しいテンションなのかを知る事です。
　正しいテンションを知る一つの方法は正常と思われるホイールの張り具合を触って覚えておくことです。注意点はスポークの種類や形状です。
　ロードでは14番15番のスポークが使われますが触った感じは異なります。
　14番と15番で組まれたホイールのそれぞれのスポークが同じだけしなったら15番のスポークがより強いテンションで張っていることになります。
　エアロスポークはさらに印象が異なります。特にスポークの本数の少ない完組ホイールのエアロスポークは異質な感触ですのでそのつもりで。

ハブ

　高級品ほど回転部分の精度が良く面の仕上げも念が入っている。
　当然の事ながら安い品とは耐久性が月とすっぽんであるので走行距離が長い人は中級グレード以上のハブに予算を使っても十分に割に合う。一方あまりに高級すぎるとチタンやアルミ、カーボン部品が増えるので耐久性からいうと???な品も見受けられる。単に耐久性から言えば中の上あたりがおすすめ。
　また下級グレードの品はベアリング当たり面が鏡面仕上げなどの処理がなされていないが使いだしてほどほどの走行距離(1000～2000km)でグリスアップ&玉当たりの再調整を行うことによって寿命が飛躍的に延びる。これは車の慣らし運転と同じ原理で金属同士がある程度すれたところで微妙に出っ張っている部分がならされて平滑になるためである。
　当然の事ながら微妙にガタが出る&削れた金属粉がグリスに混ざるのでオーバーホールをしないとそのまま当たり面が崩れていく。
　残念ながら下級グレードを購入したオーナーはえてしてメンテの意識が欠けていたりそもそも知識がなかったりでオーバーホールのタイミングを逃してしまって結局ハブをダメにしてしまったりする。
　シールドベアリングを使用しているホイールは回転部分の耐久性がカップ&コーンほどには無いと心得よう。これはベアリングの玉が良いとか悪いとかの問題ではなく構造上の問題である。2大メーカーのカンパとシマノが両社ともカップ&コーンにこだわり続けるのにはそれなりの理由があるのだ。
　シールドベアリングは超高級品から比較的安価な物まで使われているがガタが出たらベアリングを抜いて新しいベアリングを圧入し直さないといけない。
　メーカーによっては専用工具を用意している場合もあるが滅多に使うこともないのでほとんどのショップでは所有してないと考えた方が良い。地方都市では絶望的。シールドベアリングを使用したホイールは現状では高価なホイール以外使い捨てと考えていいでしょう。あえてできるメンテといえばシールドをうまくめくってグリスを継ぎ足してやることぐらい。やらないよりはましですがシールドを痛める可能性もあるのでなんだかな～です。

リム

　リムのトラブルは振れがもっとも多いでしょう。この振れも軽度であればスポークの張りの調整(ホイールバランス)を取ることによって解決可能です。
　もしリム自体がゆがんでしまってもある程度はスポークの張りで真っ直ぐにすることもできます。しかし所詮ごまかしでしかありませんので折を見てリム交換しましょう。
　リムを交換すべきか否かの判断の仕方はホイールバランスがとれた(リムが真っ直ぐになった)後、それぞれのスポークを2本ずつぎゅっと握ってみてその張り具合が全体的にほぼ均等であればOK!張りにばらつきがあればリムがゆがんだと判断しましょう。
　確信が持てないときはすべてのニップルを緩めてしまえばリムがゆがんでいるか否かが判断できます。
　しかしこれはホイール組みができる人の対処法。
　ロードバイクはリムサイドでブレーキをかけている物がほとんどなので、リムサイドに傷が入るのは重大な問題です。
　傷が入ってしまった場合にはその程度にもよりますが、実際に走ってみてブレーキをかけてコントロールにどの程度の影響がでるか確認してみましょう。
　たとえコントロールができたとしても、フルブレーキ時にホイールがロックする恐れがあるようではいけません。
　これらの要素を考慮してリムを交換するか否かを決めましょう。

ホイールトラブルの処方箋

エアロリムの功罪

　古くはトライアスロンブームの頃にはやり、近年完組ホイールで頻繁に見かけるエアロリムですが実際使う上で考慮すべきはエアロ効果ではなく縦剛性です。

　エアロリムの断面形状は通常のリムと比較して縦方向に長く三角形の形をしています。一方諸々の制約から横方向の幅はほぼ変わりません。

　そのためエアロリムは縦方向にやたら剛性のあるリムになっています。

　固ければいいじゃんというのは安易な考えで縦方向にたわみにくいエアロリムは路面からの衝撃を吸収しにくいのです。

　別の見方をすれば縦方向にたわみにくいので重力や路面からの衝撃を一点ではなく広い範囲のスポークで受けることとなります。

　例えば通常のハイトのリムはある衝撃を15°の範囲にあるスポークで負担できたとしましょう。

　一方、エアロリムはひずみませんので同じ衝撃でも30°の範囲にあるスポークで負担できると仮定するとこのエアロリムはスポークの本数を半分に減らすことができてしまいます。

　その反面半分のスポークで荷重や衝撃を分担しますので、単純に考えれば半分の走行距離で金属疲労を起こします。

　しかしこの点においては各社ともストレートスポークの採用や構造の工夫などで耐久性の向上に努めていますので単純比較は出来ません。

　一方少ないスポークでなんとかしようというのですからスポークには常時テンションがかかるようにハイテンションぎみになっています。ハイテンションでなければホイールとしての機能を維持できないとも言えるでしょう。ですからスポークテンションの調整幅もありません。ノーマルリムを36Hで組んだときのように柔らかめのホイール、堅めなホイールなどと体重や走り方、フレーム剛性に応じたホイールチューニングはすっかり昔話になってしまいました。

　縦方向の剛性アップで路面からの衝撃は搭乗者にもろにかかるようになってしまいました。そこでカーボンフォークやカーボンバックがはやったのではないでしょうか？

　クリンチャーを一度は履いてみたがその硬さに閉口してもっぱらチューブラー派の筆者に言わせればエアロリムのクリンチャーはマーケット側の都合で販売されている品と言うことになります。

あとがき

　礼に始まり礼に終わるのが武道なら掃除に始まり掃除に終わるのがトラブルシューティングです。
　普段から掃除を行っていれば各部に目が行き届いていますのでトラブルを未然に防いだりトラブルを軽い段階で発見できる可能性が高くなります。
　また、普段はその部分がどのような形状をしているのか、正常時にはどのような動きをしているのかを知っておく事にもなります。いざトラブっても汚れがたまっていなければ作業前の掃除も簡単ですのでトラブルシューティングも手早く確実に行えます。マシンのトラブルは一カ所で完結するとは限りません。汚れがマシン全体にたまってしまい各部をすべて掃除する事になると、当初予想していた作業時間を大幅にオーバーしてしまう事が容易に想像できるでしょう。
　こうなりますとトラブルシューティングの究極のテクニックとは「普段から掃除をきちんと行う事」となるのかもしれません。またトラブルシューティングが完了した段階でも清掃は肝心です。
　各種作業にはケミカル類が使われますし場合によっては金くず等が残っている時もあります。それらをきちんと掃除して初めて作業完了になります。
　個々の作業が完了したら最後にもう一度クリーニングできているか確認を行います。もちろん使用した工具もです。
このようにトラブルシューティングに必要なのは個々のテクニックももちろんですがそれに付随する作業も確実にこなして初めて完璧なトラブルシューティングができたと言えるでしょう。
　最後にもう一つ、本文中に取り上げていないトラブルシューティング時に起きやすい間違えパターンをご紹介しておきましょう。
　それはマニュアルをきちんと読まない、規格を調べない、思い込みだけで事を進めて確認しないの「3ない君」になってしまう事です。3ない君の困ったところはトラブルシューティングがトラブルシューティングにならないだけでなくかえって状況を悪化させたり合わないパーツに予算がとられて本来必要なところにお金をかけられなくなってしまう事です。
　みなさんは努々このような事にならないように願います。

　本書で解説している各トラブルシューティング方法はその有効性を保証している物では有りません。また、それぞれのパーツは年式や型番によってトラブルシューティングの方法は多少異なります。
　しかし極力多数の方のトラブルを解消できるように、また様々なケースにも対応できるように間違った例、間違えやすい例やちょっとしたこつ、注意点も掲載しました。
　本書をご利用いただいてトラブルシューティングが円滑に進めばこれにすぐる喜びは有りません。
　本書の作成に当たってはお声をかけてくださった株式会社恒亜印刷の小森さん、あれこれ面倒な作業をお願いする事になったデザイナーのハシモト一光さんお二人に心から感謝申し上げます。また機材を快くお貸しいただいた福田さん、マリーノ植木さんにも合わせてお礼申し上げます。

	サイクルメンテナンスシリーズ	
書 名	ロードバイクトラブルシューティング	
発 行	2006年 2月28日	初版第1版発行
	2013年 5月31日	改訂第3版発行
著 者	飯倉 清	
発行者	佐藤 照雄	
発行所	圭文社	
	〒112-0011 東京都文京区千石2-4-5	
	TEL 03-5319-1229 FAX 03-3946-7794	
印 刷	株式会社恒亜印刷	

写 真	飯倉 清
編 集	小森 秀人
アートディレクション・デザイン	ハシモト一光
表紙イラスト	ふかざわ愛美

ISBN4-87446-061-5 C0075

©Kiyoshi Iikura 2006